Excel 函数与公式综合应用技巧

雏志资讯　龙建祥　张铁军　编著

U0262236

人民邮电出版社

北京

图书在版编目（CIP）数据

Excel函数与公式综合应用技巧 / 雏志资讯编著. -- 北京：人民邮电出版社，2010.1
（随身查）
ISBN 978-7-115-21862-9

Ⅰ. ①E… Ⅱ. ①雏… Ⅲ. ①电子表格系统，Excel
Ⅳ. ①TP391.13

中国版本图书馆CIP数据核字(2009)第220572号

随身查 —— Excel 函数与公式综合应用技巧

◆ 编　著　雏志资讯　龙建祥　张铁军
　　责任编辑　贾鸿飞

◆ 人民邮电出版社出版发行　　北京市丰台区成寿寺路11号
　　邮编　100164　　电子邮件　315@ptpress.com.cn
　　网址　http://www.ptpress.com.cn
　　三河市君旺印务有限公司印刷

◆ 开本：700×1000　1/32
　　印张：7　　　　　　　　　　2010年1月第1版
　　字数：189千字　　　　　　　2025年3月河北第66次印刷

ISBN 978-7-115-21862-9
定价：19.80元

读者服务热线：(010) 81055410　印装质量热线：(010) 81055316
反盗版热线：(010) 81055315

内容提要

本书以讲解技巧的形式，介绍如何快速将自己打造成Excel公式与函数应用高手。全书共10章，分别介绍公式编辑与数据源引用技巧、逻辑函数范例应用技巧、日期函数范例应用技巧、数学函数范例应用技巧、文本函数范例应用技巧、统计函数范例应用技巧、财务函数范例应用技巧、查找和引用函数范例应用技巧、数据库函数范例应用技巧，以及函数返回错误值的解决办法等方面的内容。

本书有很强的实用性和可操作性，非常适合经常使用Excel函数的读者随时查阅。

丛 书 序

经常有朋友向我咨询一些电脑使用方面的问题，例如，如何让两台电脑共享一个ADSL账号上网？如何修复有坏道的硬盘？如何做好笔记本电脑的保养？如何删除系统拒绝删除的文件？如何识别假冒的QQ系统消息？如何将音乐CD转换为MP3？如何在淘宝网上买到物美价廉的商品……

这些朋友当中有相当一部分是大学毕业生，甚至有些人曾经还是计算机专业的，虽然丢开课本已有多年，但他们的自学能力和基础知识都应当不错，怎么也会被这些简单的问题难住呢？

通过与他们交流，发现影响他们学习电脑技术的因素主要有3个：一是太忙碌，往往拿到一本厚厚的电脑书就没有勇气看下去；二是很多图书理论性和系统性太强，大篇幅的理论介绍和按部就班的知识点讲解，都使这些书显得索然无味；三是在他们的眼中，目前计算机图书的价格普遍有些偏高。

其实上述情况只是一个缩影，针对这部分读者所反映的情况，我们做了大量的调查与研究，精心策划了这套"随身查"系列图书。

本套丛书主要有以下特点。

1. 实用性和操作性强。精选应用中的热点和难点，摒弃枯燥的理论介绍，全部以一个一个的实例进行讲解，有利于读者理解并掌握。

2. 精致美观、便于携带。双色印刷让人感觉耳目一新，精致小巧的32开本便于随身携带。

3. 内容丰富，版式紧凑，便于查询；定价实惠，超值实用。书中的每个知识点都相互独立，并以条目式进行编排，便于查询。

前　言

　　Excel提供了360多个函数，这些函数在数据统计、数据处理、数据分析过程中有着举足轻重的地位。通过函数，可以对不同数据进行计算、逻辑赋值、分类、查询、分析……正是因为这些函数，Excel的功能才变得如此强大，深受各行各业的用户喜爱。

　　本书以短小精悍的技巧来分解Excel中各类常用函数的应用操作，做到每个函数的应用都能模拟实际的使用环境。这一特点可以让读者在首次接触该函数时就能体会其重大作用，联想到自己工作中哪些地方可以用这些函数来处理。因此可以为读者的学习带来极大的帮助。

　　另外，本书是随身查形式的口袋本，技巧实属精选，以实用为主，既不累赘，也不忽略重点，是目前生活节奏快、工作繁忙的办公一族学习的首选。

目录

第4章　数学函数范例应用技巧　43

第6章　统计函数范例应用技巧　85

第9章　数据库函数范例应用技巧　181

第10章　函数返回错误值的解决办法　199

第 1 章 公式编辑与数据源引用技巧

1.1 公式的输入与编辑

例 1 只查看长公式中某一步的计算结果

在一个复杂的公式中，若要调试其中某部分的运算公式，可以按下面的方法实现只查看该部分的运算结果。

❶ 选中含有公式的单元格，在编辑栏中选中需要查看其结果的部分公式，如图1-1所示。

	A	B	C			G
	SUM	▾ × ✓ ƒ×	=AVERAGE(LARGE(C2:C8, {1, 2, 3}))			
			AVERAGE(number1, [number2], ...)			
1	班级	姓名	成绩			
2	1	宋燕玲	85			
3	2	郑芸	120			
4	1	黄嘉俐	95	前3名平均分	,2,3}))	
5	2	区菲媛	112			
6	1	江小丽	145			
7	1	麦子聪	132			
8	1	陆穗平	121			

图1-1

❷ 按键盘上的"F9"功能键，即可计算出选中部分对应的结果，如图1-2所示。

	A	B	C			
	SUM	▾ × ✓ ƒ×	=AVERAGE({145, 132, 121})			
			AVERAGE(number1, [number2], ...)			
1	班级	姓名	成绩			
2	1	宋燕玲	85			
3	2	郑芸	120			
4	1	黄嘉俐	95	前3名平均分	2,121))	
5	2	区菲媛	112			
6	1	江小丽	145			
7	1	麦子聪	132			
8	1	陆穗平	121			

图1-2

> **提示**
>
> 被选中的部分必须是一个完整的、可以得出运算结果的公式。否则不能得到正确的结果，同时还会显示错误提示信息。

❸ 查看后按"Esc"功能键,即可还原。

例 ② 一次性选中公式中引用的单元格

如果想查看某一单元格中的公式是引用了哪些单元格进行计算的,可以按如下方法快速选中。

❶ 例如选中F3单元格(F3单元格中的公式为:=SUMIF(B2:B8,E3,C2:C8))。

❷ 在英文输入状态下,按键盘上的"Ctrl+["组合键,即可快速选取公式中引用的所有单元格,如图1-3所示。

	A	B	C	D	E	F
1	姓名	所属部门	工资		部门	工资总额
2	徐娟娟	财务部	1996		财务部	4424.5
3	许世宝	销售部	2555		销售部	13754.6
4	郭蓉	企划部	1396		企划部	4062
5	钟佳	企划部	2666			
6	尹瑶	销售部	4250.6			
7	李玉琢	财务部	2428.5			
8	罗君	销售部	6949			

图1-3

例 ③ 隐藏公式

如果要将工作表所有公式都隐藏起来,可以按如下方法操作。

❶ 在工作表中,单击编辑界面的行列交叉处,选中整张工作表所有单元格,单击鼠标右键,选择"设置单元格格式"命令,打开"单元格格式"对话框。

❷ 选择"保护"选项卡,撤选"锁定"复选框,选中"隐藏"复选框,如图1-4所示。

❸ 单击"确定"按钮回到工作表中,在菜单中依次单击"工具"

→ "保护" → "保护工作表",打开 "保护工作表" 对话框,设置保护密码,如图1-5所示。

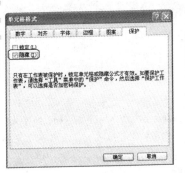

图1-4

图1-5

❹ 单击 "确定" 按钮,提示再次输入密码。

❺ 设置完成后,选中输入了公式的单元格,可以看到,无论是在单元格中还是在编辑栏中,都看不到公式了,如图1-6所示。

	A	B	C	D	E	F
1	姓名	所属部门	工资		部门	工资总额
2	徐姗姗	财务部	1996		财务部	4424.5
3	许世宝	销售部	2555		销售部	13754.6
4	郭蓉	企划部	1396		企划部	4062
5	钟佳	企划部	2666			
6	尹瑶	销售部	4250.6			
7	李玉琢	财务部	2428.5			

图1-6

例 4 大范围复制公式

当某一单元格中设置了公式后,如果该行或该列其他单元格需要

4

使用同一类型公式，常用的方法是选中该单元格，将光标定位到单元格右下角，出现黑色十字形时按住鼠标左键进行拖动复制。但如果表格数据非常多（如有2 000行），采用此方法会有些不便，此时可按如下技巧操作。

❶ 在地址栏中填入同列最后的单元格地址（本例为方便学习只选择到G16单元格），如图1-7所示，然后按"Shift+Enter"组合键即可选中G2单元格到G16单元格地址之间的区域，如图1-8所示。

	C	D	E	F	G
					=E2*F2
1	品名	单价	数量	销售单价	销售金额
2	自行车	220	1	298.3	¥298.3
3	水壶	75	2	82.5	
4	护膝	22	5	29.0	
5	洗漱包	12	3	16.0	

图1-7

	C	D	E	F	G
G2					=E2*F2
1	品名	单价	数量	销售单价	销售金额
2	自行车	220	1	298.3	¥298.3
3	水壶	75	2	82.5	
4	护膝	22	5	29.0	
5	洗漱包	12	3	16.0	
6	游泳镜	278	2	305.8	
7	护肘	12	8	14.0	
8	水壶	75	1	82.5	
9	游泳镜	278	2	305.8	
10	手套	14	2	18.0	
11	自行车	220	1	298.3	
12	队服	35	10	45.0	
13	单人帐篷	38	2	41.8	
14	铝箔防潮垫	22.5	1	28.0	
15	防雨套	57	5	62.7	
16	防雨套	57	1	62.7	

图1-8

❷ 将光标定位到公式编辑栏中，按"Ctrl+Enter"组合键，即可一次性完成对选中单元格的公式复制，如图1-9所示。

	C	D	E	F	销售金额
1	品名	单价	数量	销售单价	
2	自行车	220	1	298.3	¥298.3
3	水壶	75	2	82.5	¥165.0
4	护膝	22	5	29.0	¥145.0
5	洗漱包	12	3	16.0	¥48.0
6	游泳镜	278	2	305.8	¥611.6
7	护肘	12	8	14.0	¥112.0
8	水壶	75	1	82.5	¥82.5
9	游泳镜	278	2	305.8	¥611.6
10	手套	14	2	18.0	¥36.0
11	自行车	220	1	298.3	¥298.3
12	队服	35	10	45.0	¥450.0
13	单人帐篷	38	2	41.8	¥83.6
14	铝防潮垫	22.5	1	28.0	¥28.0
15	防雨套	57	5	62.7	¥313.5
16	防雨套	57	1	62.7	¥62.7

图1-9

例 ⑤ 将公式运算结果转换为数值

在完成公式计算后，为了方便数据的引用，可以将包含公式的单元格中的数据转换为数值形式。

❶ 选中包含公式的单元格，按"Ctrl+C"组合键执行复制，然后再按"Ctrl+V"组合键执行粘贴。

❷ 此时会在选中单元格的右下位置出现一个"选择粘贴"按钮，单击该按钮打开下拉菜单，选择"只有值"选项（如图1-10所示），即可实现将原本包含公式的单元格数据转换为数值（可以选中单元格在编辑栏中查看）。

	C2	▼	fx	=IF(B2<=1000,0,IF(B2<=5000,(B2-100...	
	A	B	C	D	
1	员工姓名	工资总额	个人所得税	实发工资	
2	李丽	2950	195	2755	
3	周军洋	1000	0	1000	
4	苏田	3840	284	3556	
5	刘飞虎	12000	525	11475	
6	张军	4700	370	4330	
7	蔡海云	2350	135	2215	
8					
9					

○ 保留源格式 (K)
○ 匹配目标区域格式 (M)
○ 只有值 (V)
○ 值和数字格式 (N)
○ 值和源格式 (U)
○ 保留源列宽 (W)
○ 仅格式 (R)
○ 链接单元格 (L)

图1-10

1.2 公式中数据源的引用

例 6 数据源的相对引用

公式的使用就是对数据源的引用,默认使用相对引用方式。采用这种方式引用的数据源,当将公式复制到其他位置时,公式中的单元格地址会随着改变。下面举出一个实例说明需要使用数据源相对引用方式的情况。

如图1-11所示,选中H3单元格,在公式编辑栏中可以看到该单元格的公式。

	F	G	H	I
	=IF(F3=0,0,(G3-F3)/F3)			
2	进货价格	销售价格	利润率	
3	5.4	6.4	18.52%	
4	8	9.2		
5	7.2	8.2		
6	1.5	1.8		

图1-11

❶ 选中H3单元格,将光标定位到该单元格右下角,当出现黑色十字形时按住鼠标左键向下拖动即可快速复制公式。

❷ 复制得到的公式,数据源自动更改,H4单元格的公式为:=IF(F4=0,0,(G4-F4)/F4),如图1-12所示;H5单元格的公式为:=IF(F5=0,0,(G5-F5)/F5),如图1-13所示。

	F	G	H
	=IF(F4=0,0,(G4-F4)/F4)		
2	进货价格	销售价格	利润率
3	5.4	6.4	18.52%
4	8	9.2	15.00%
5	7.2	8.2	13.89%
6	1.5	1.8	20.00%
7	1.5	1.8	20.00%
8	11.2	13.8	23.21%

图1-12

H5	▼	f_x =IF(F5=0,0,(G5-F5)/F5)

	F	G	H
2	进货价格	销售价格	利润率
3	5.4	6.4	18.52%
4	8	9.2	15.00%
5	7.2	8.2	13.89%
6	1.5	1.8	20.00%
7	1.5	1.8	20.00%
8	11.2	13.8	23.21%

图1-13

例7 数据源的绝对引用

所谓数据源的绝对引用，是指把公式复制或引入到新位置，公式中的固定单元格地址保持不变。要对数据源采用绝对引用方式，需要使用"$"符号来标注。下面用一个实例说明需要使用数据源绝对引用方式的情况。

❶ 如图1-14所示，选中C2单元格，在公式编辑栏中可以看到该单元格的公式（既使用了相对引用的单元格，也使用了绝对引用的单元格）。

C2	▼	f_x =B2/SUM($B$3:$B$8)		

	A	B	C	D
1	编码	总销售额	占总销售额比例	
2	张芳	687.4	31.03%	
3	何利津	410		
4	李妤	209		
5	苏田	501		
6	崔娜娜	404.3		

图1-14

❷ 选中C2单元格，将光标定位到该单元格右下角，当出现黑色十字形时按住鼠标左键向下拖动即可快速复制公式。

❸ 复制得到的公式，相对引用的数据源自动更改，绝对引用的数据源不做任何更改。如图1-15所示，选中C4单元格，可以与C2进行公式的对比。

8

图1-15

┌─ 提示 ─────────────────────────────

　　在通常情况下,绝对数据源都是配合相对数据源一起应用
到公式中的。单纯使用绝对数据源,在进行公式复制时,得到的
结果都是一样的,因此不具有任何意义。
└────────────────────────────────

例 8 引用当前工作表之外的单元格

　　在进行公式运算时,很多时候需要使用其他工作表的数据源来参
与计算。这时,需要按如下格式来引用:工作表名!数据源地址。比如
要统计销售额时,将各个季度的销售额统计在不同的工作表中,现在
要统计出各个季度的总销售额,则需要引用多张工作表中的数据。

　　❶ 选中要显示统计值的单元格,首先输入等号及函数等,如此处
输入:=SUM(,如图1-16所示。

图1-16

❷ 用鼠标在"一分部销售"工作表标签上单击,切换到"一分部销售"工作表中,选中参与计算的单元格,注意看引用单元格的前面都添加了工作表名称标识,如图1-17所示。

	SUM	▼ X ✓ ƒx	=SUM(一分部销售!B3:B12)	
			SUM(number1, [number2], ...)	
	A	B	C	D
1			一分部销售情况	
2	品名	数量	销售单价	销售金额
3	登山鞋	120	¥219.0	¥26,280.0
4	攀岩鞋	54	¥328.0	¥17,712.0
5	沙滩鞋	187	¥118.0	¥22,066.0
6	徒步鞋	86	¥298.0	¥25,628.0
7	护膝	335	¥29.0	¥9,715.0
8	游泳镜	255	¥305.8	¥77,979.0
9	护肘	865	¥14.0	¥12,110.0
10	队服	500	¥68.0	¥34,000.0
11	手套	452	¥18.0	¥8,136.0
12	防雨套	500	¥62.7	¥31,350.0

◄ ► ►│ \一分部销售\二分部销售\三分部销售\总销售情况\

图1-17

❸ 接着再输入其他运算符,选择需要引用的单元格区域等,完成后按回车键得到计算结果,如图1-18所示。

	B3	▼	ƒx	=SUM(一分部销售!B3:B12)	
	A	B	C	D	E
1		各分部销售汇总			
2		销售数量	销售金额		
3	一分部	3354			
4	二分部				
5	三分部				

◄ ► ►│ \一分部销售\二分部销售\三分部销售\总销售情况\

图1-18

─ 提示

　　如果公式使用熟练了,要引用其他工作表中的单元格时,也可以在公式编辑栏中直接输入公式,不过也要使用"工作表名!数据源地址"这种格式。

例 ❾　在公式中引用多个工作表中的同一单元格

在公式中可以引用多个工作表中的同一单元格进行计算。

10

❶ 选中要显示统计值的单元格，首先输入前半部分公式：=SUM（，如图1-19所示。

| SUM | ▼ X √ fx | =SUM(|
| | | SUM(**number1**, [number2], ...) |

	A	B
1	总销售统计	
2		销售数量	销售金额
3	总计		=SUM(
4			
5			

Ⅰ◀ ◀ ▶ ▶Ⅰ\一分部销售／二分部销售／三分部销售＼总销售情况／

图1-19

❷ 在"一分部销售"工作表标签上单击鼠标，然后按住"Shift"键，在"三分部销售"工作表标签上单击鼠标，即选中了所有要参加计算的工作表为"一分部销售：三分部销售"（3张工作表）。

❸ 用鼠标选中相同数据源所在的单元格，此例为"D13"，接着再完成公式的输入，按回车键得到计算结果，如图1-20所示。

| C3 | ▼ | fx | =SUM(一分部销售:三分部销售!D13) |

	A	B	C	D	E	F
1	总销售统计					
2		销售数量	销售金额			
3	总计		818051			
4						
5						

Ⅰ◀ ◀ ▶ ▶Ⅰ\一分部销售／二分部销售／三分部销售＼总销售情况／Sheet5／Shee

图1-20

例⑩ 引用多个工作簿中的数据源来进行计算

有时为了实现一些复杂的运算或是对数据进行比较，还需要引用其他工作簿中的数据进行计算才能达到求解目的。多工作簿数据源引用的格式为：[工作簿名称]工作表名!数据源地址。比如本例中要比较下半年销售额与上半年的销售额，上半年销售额与下半年销售额分别保存在两个工作簿中，此时可以按如下方法设置公式。

11

随身查

❶ 首先打开"销售统计(上半年)"工作簿,在"总销售情况"工作表的C3单元格中显示了上半年的销售金额总值,如图1-21所示。

图1-21

❷ 在当前工作簿中选中要显示求解值的单元格,输入公式的前半部分,如图1-22所示。

图1-22

❸ 接着切换到"销售统计(上半年)"工作簿,选择参与运算的数据源所在工作表(即"总销售情况"),然后再选择参与运算的单元格或单元格区域,如图1-23所示(从公式编辑栏中可以看到完整的公式)。

图1-23

例 11 在相对引用和绝对引用之间进行切换

使用键盘上的"F4"功能键可以快速地在相对引用和绝对引用之

间进行切换。下面以"=SUM(B2:D2)"为例，依次按"F4"键，得到结果如下。

❶ 在包含公式的单元格上双击，选中公式全部内容，按下"F4"键，该公式内容变为"=SUM($B$2:$D$2)"，表示对行列单元格均进行绝对引用。

❷ 第二次按下"F4"键，公式内容又变为"=SUM(B$2:D$2)"，表示对行绝对引用，列仍采用相对引用。

❸ 第三次按下"F4"键，公式则变为"=SUM($B2:$D2)"，表示对列绝对引用，行仍采用相对引用。

❹ 第四次按下"F4"键时，公式变回到初始状态：=SUM(B2:D2)。继续按"F4"键，将再次进行循环。

读书笔记

| 第 2 章 | 逻辑函数范例应用技巧

例 12 快速判断给定值是否在指定区间

IF函数是根据指定的条件来判断其"真"（TRUE）、"假"（FALSE），从而返回相应的内容。在本例数据表的B列（上限）与C列（下限）中显示了一个数据区间。通过IF函数可以判断D列的值是否在B列与C列的数据之间。

❶ 选中E2单元格，在编辑栏中输入公式：=IF(D2<B2,IF(D2>C2,"在","不在"),"不在")。

按回车键，即可判断D2单元格的值是否在C2与B2之间，并返回相应值。

❷ 选中E2单元格，向下复制公式，可一次性判断出D列的数值是否在B列与C列之间，如图2-1所示。

	A	B	C	D	E
	品名	上限15%	下限15%	累计出库量	是否在区间
2	HMDS	30.59	22.61	23	在
3	Solution 26%	7.0035	5.1765	4.6	不在
4	TEOS	657.8	486.2	505	在
5	Lodyne (HG)	1152.3	851.7	1035	在
6	Boron Tribride	124.89	92.31	87.4	不在

E2 的公式栏：=IF(D2<B2,IF(D2>C2,"在","不在"),"不在")

图2-1

例 13 根据代码返回部门名称

数据表A列中显示为员工编码，其中第一个字母代表其所在部门（Y代表研发部，X代表销售部，S代表生产部），现在可以结合LEFT函数来根据编码中的第一个字母自动返回其所属部门。

❶ 选中C2单元格，在编辑栏中输入公式：=IF(LEFT(A2)="Y","研发部",IF(LEFT(A2)="X","销售部",IF(LEFT(A2)="S","生产部","")))，按回车键，即可根据A2单元格中内容返回所属部门。

❷ 选中C2单元格，向下拖动进行公式复制，可实现快速返回所属部门，如图2-2所示。

	A	B	C	D	E	F
			fx	=IF(LEFT(A2)="Y","研发部",IF(LEFT(A2)="X","销售部",IF(LEFT(A2)="S","生产部","")))		
1	编码	姓名	部门			
2	X001	孙丽莉	销售部			
3	X002	张敏	销售部			
4	S001	何义	生产部			
5	Y004	陈中	研发部			
6	S002	柯兰兰	生产部			

图2-2

例 14 考评成绩是否合格

AND函数一般用来检验一组数据是否都满足条件。因此本例实现利用AND函数配合IF函数进行成绩评定，即各项成绩都达标时显示"合格"，否则显示为"不合格"。

❶ 选中E2单元格，在编辑栏中输入公式：=IF(AND(B2>60,C2>60,D2>60),"合格","不合格")，按回车键，即可判断B2、C2、D2单元格中的值是否都达标，如果都达标，利用IF函数显示"合格"；如果有一项未达标，利用IF函数显示"不合格"。

❷ 选中E2单元格，向下拖动进行公式填充，可实现快速判断其他人员考评结果，如图2-3所示。

	A	B	C	D	E	F
	E2		fx	=IF(AND(B2>60,C2>60,D2>60),"合格","不合格")		
1	姓名	面试	理论知识	上机考试	考评结果	
2	李丽	85	90	85	合格	
3	周军洋	90	55	80	不合格	
4	苏田	90	82	75	合格	
5	刘飞虎	75	90	58	不合格	

图2-3

例⑮ 对员工的考核成绩进行综合评定

OR函数一般用来检验一组数据是否都不满足条件，只要有一个数据满足条件，结果为"真"。如本例中使用OR函数来判断一组考评数据中是否有一个大于"80"，如果有，该员工就具备参与培训的资格，否则取消资格。

❶ 选中E2单元格，在编辑栏中输入公式：=IF(OR(B2>80,C2>80,D2>80),"参与培训","取消资格")，按回车键，即可判断B2、C2、D2单元格中的值是否有一个大于80。如果有，利用IF函数显示"参与培训"；如果没有，利用IF函数显示"取消资格"。

❷ 选中E2单元格，向下拖动进行公式填充，可实现快速判断其他人员考评结果，如图2-4所示。

	A	B	C	D	E	F
E2			fx	=IF(OR(B2>80,C2>80,D2>80),"参与培训","取消资格")		
1	姓名	面试	理论知识	上机考试	考评结果	
2	李丽	85	90	85	参与培训	
3	周军洋	58	55	75	取消资格	
4	苏田	70	72	78	取消资格	
5	刘飞虎	90	59	58	参与培训	

图2-4

例⑯ 快速识别产品类别

本例中要判断采购的产品是否为电脑设备，如果是，分类为"电脑设备"；反之，分类为"其他办公用品"，此时可以将IF函数与OR函数配合使用。

❶ 选中C2单元格，在编辑栏中输入公式：=IF(OR(B2="硬盘",B2="内存",B2="主板"),"电脑设备","其他办公用品")，按回车键即可判断采购产品的类别，如果满足OR函数中指定的任意一个名称就返回"电脑设备"；否则显示为"其他办公用品"。

❷ 选中C2单元格，向下拖动进行公式填充，可实现快速判断其他采购产品的产品类别，如图2-5所示。

C2	▼	=IF(OR(B2="硬盘",B2="内存",B2="主板"),"电脑设备","其他办公用品")	
	A	B	C	D
1	采购日期	采购产品	产品类别	
2	2007-10-11	硬盘	电脑设备	
3	2007-10-12	魅族MP3	其他办公用品	
4	2007-10-13	打印纸	其他办公用品	
5	2007-10-14	主板	电脑设备	

图2-5

例 17 根据产品的名称与颜色进行一次性调价

下面的表格中想在D列中返回满足以下条件的结果：

· 如果产品类别为"洗衣机"，且颜色为"白色"，其调整后价格为原来的单价加50元。

· 如果产品类别为"洗衣机"，且颜色为"彩色"，其调整后价格为原来的单价加200元。

· 其他产品类别价格不变。

❶ 选中D2单元格，输入公式：=IF(NOT(LEFT(A2,3)="洗衣机"),"原价",IF(AND(LEFT(A2,3)="洗衣机",NOT(B2="白色")),C2+200,C2+50))。

按回车键，即可根据A1与B1单元格的值返回调整后的价格。

❷ 选中D2单元格，向下拖动复制公式，可快速实现根据A列与B列中的数据返回调整后的价格，如图2-6所示。

公式解析

NOT(LEFT(A2,3)="洗衣机")，判断A2单元格的前3个字符是否不是"洗衣机"，如果不是，返回"原价"。AND(LEFT(A2,3)="洗衣机",NOT(B2="白色"))判断A2单元格的前3个字符是否是"洗衣机"，并且B2单元格中显示的不是"白色"，如果是，则返回值为"C2+200"，否则返回"C2+50"。

D2 =IF(NOT(LEFT(A2,3)="洗衣机"),"原价",IF(
AND(LEFT(A2,3)="洗衣机",NOT(B2="白色")),
C2+200,C2+50)))

	A	B	C	D	E	F
1	名称	颜色	单价	调价后		
2	洗衣机001	白色	1980	2030		
3	洗衣机001	银灰色	1980	2180		
4	微波炉	红色	699	原价		
5	洗衣机002	红色	2200	2400		

图2-6

例 18 解决计算结果为"0"、错误值的问题

使用公式进行运算时，当引用单元格中没有输入值时会出现0值或错误值（例如除法运算的被除数为空时），如图2-7所示，此时可以使用IF函数与OR函数配合解决。

E2 =C2/D2

	A	B	C	D	E
1	姓名	产品名称	销售数量	总销售数量	销售占比
2	李丽	思得利铜心管	118	1850	6.38%
3	周军洋	思得利定位铜心管	152		#DIV/0!
4	苏田	思得利双黄管		982	0.00%
5	刘飞虎	思得利铜心双黄管	121	2300	5.26%

图2-7

❶ 选中E2单元格，在编辑栏中输入公式：=IF(OR(C2="",D2="")
,"",C2/D2)，按回车键。

❷ 选中E2单元格，向下拖动进行公式填充，即可解决错误值及0值问题，如图2-8所示。

E2 =IF(OR(C2="",D2=""),"",C2/D2)

	A	B	C	D	E
1	姓名	产品名称	销售数量	总销售数量	销售占比
2	李丽	思得利铜心管	118	1850	6.38%
3	周军洋	思得利定位铜心管	152		
4	苏田	思得利双黄管		982	
5	刘飞虎	思得利铜心双黄管	121	2300	5.26%

图2-8

例 ⑲ 使用IF函数计算个人所得税

不同的工资额应缴纳的个人所得税税率也各不相同，因此可以使用IF函数判断当当前员工工资应缴纳的税率，再自动计算出应缴纳的个人所得税。

此处约定如下：

· 工资在1000元以下免征个人所得税；

· 工资在1000 ~ 5000元，税率10%；

· 工资在5000 ~ 10000元，税率15%；

· 工资在10000 ~ 20000元，税率20%；

· 工资在20000元以上，税率25%。

❶ 选中C2单元格，在编辑栏中输入公式：=IF(B2<=1000,0, IF(B2<=5000,(B2-1000)*0.1,IF(B2<=10000,(B2-5000)* 0.15+25,IF(B2<=20000,(B2-10000)*0.2+125,(B2-20000)* 0.25+375))))。按回车键，即可计算出第一位员工的个人所得税。

---- 提示 ----

在公式中出现的"25"、"125"和"375"是个人所得税的速算扣除数，这是标准的个人所得税税率速算扣除数，用户上网搜索一下即可得到。

❷ 选中C2单元格，向下拖动进行公式填充，可实现快速计算出其他员工应缴纳的个人所得税，如图2-9所示。

---- 公式解析 ----

❶ "B2<=1000"，判断工资总额是否小于1000元。如果是，不征收个人所得税；反之，进入下个IF函数的判断。

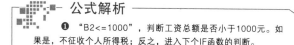

❷ "B2<=5000"，判断工资总额是否小于5000元且大于1000元，如果是，通过计算"(B2-1000)*0.1"得到应缴纳个人所得税金额；反之，进入下个IF函数的判断。

❸ "B2<=10000"，判断工资总额是否小于10000元且大于5000元，如果是，通过计算"(B2-5000)*0.15+25"得到应缴纳个人所得税金额；反之，进入下个IF函数的判断。

❹ "B2<=20000"，判断工资总额是否小于20000元且大于10000元，如果是，通过计算"(B2-10000)*0.2+125"得到应缴纳个人所得税金额；反之，进入下个IF函数的判断。

❺ 公式最后的"(B2-20000)*0.25+375)"，判断工资总额是否大于20000元，如果是，通过计算"(B2-20000)*0.25+375)"得到应缴纳个人所得税金额。

| C2 | ▼ | f_x | =IF(B2<=1000, 0, IF(B2<=5000, (B2-1000)*0.1, IF(B2<=10000, (B2-5000)*0.15+25, IF(B2<=20000, (B2-10000)*0.2+125, (B2-20000)*0.25+375)))) |

	A	B	C	D
1	员工姓名	工资总额	个人所得税	实发工资
2	李丽	950	0	950
3	周军泽	1850	85	1765
4	苏田	3840	284	3556
5	刘飞虎	12000	525	11475

图2-9

例 ⑳ 标注出需要核查的项目

NOT函数是求反函数，用来确保一个值不等于某一特定值。比如本例中可以利用此函数来标注需要核查的某些特定项目。

❶ 选中C2单元格，在编辑栏中输入公式：=IF(NOT(LEFT(A2,4)="2121"),"","核对")，按回车键，即可从A2单元格中提取前4位字符，判断是否为"2121"，如果是，利用IF函数显示"核对"；如果不是，利用IF函数显示空值。

❷ 选中C2单元格，向下拖动进行公式填充，可实现快速判断A列中其他科目代码的前4位是否为"2121"，如图2-10所示。

	A	B	C
	C2 ▾	fx	=IF(NOT(LEFT(A2,4)="2121"),"","核对")
1	科目代码	科目名称	标注出2121科目
2	121102	原材料-乙材料	
3	212101	应付账款-市政公司	核对
4	121101	原材料-甲材料	
5	212102	应付账款-安康生物	核对
6	100202	银行存款-中国工商银行	
7	2121	应付账款	核对

图2-10

例 21 使用数组公式比较两组庞大数据

NOT函数的"logical1,logical2,logical3……"参数不能超过30个条件值或表达式，如果要比较的两组数据非常多，例如比较两个部门对产品的采购价格，此时可以按如下方法来设置公式（为方便显示，本例中只比较了部分数据）。

❶ 选中D2:D8单元格区域（即要显示结果的单元格区域），在编辑栏中输入公式：=IF(NOT(B2:B8=C2:C8),"请核对",""），如图2-11所示。

	A	B	C	D
	SUM ▾ ✕ ✓ fx	=IF(NOT(B2:B8=C2:C8),"请核对","")		
1	产品名称	采购1部	采购2部	比较结果
2	思得利铜心管	118	118	请核对","")
3	思得利定位铜心管	158	154	
4	思得利双簧管	108	108	
5	思得利铜心双簧管	121	121	
6	思得利紫光杆	318	312	
7	思得利紫光定位器	358	358	
8	思得利双向轴	168	168	
9				

图2-11

❷ 同时按 "Ctrl+Shift+Enter" 组合键，返回结果如图2-12
所示。

| D2 | ▼ | fx | {=IF(NOT(B2:B8=C2:C8),"请核对","")} |
	A	B	C	D
1	产品名称	采购1部	采购2部	比较结果
2	思得利铜心管	118	118	
3	思得利定位铜心管	158	154	请核对
4	思得利双簧管	108	108	
5	思得利铜心双簧管	121	121	
6	思得利紫光杆	318	312	请核对
7	思得利紫光定位器	358	358	
8	思得利双间轴	168	168	
9				

图2-12

提示

数组公式是Excel公式在以数组为参数时的一种应用。
输入数组公式首先必须选择用来存放结果的单元格区域（可以
是一个单元格），在编辑栏输入公式，然后按 "Ctrl + Shift +
Enter" 组合键锁定数组公式，Excel将在公式两边自动加上花括
号 "{}"。注意不要自己输入花括号，否则Excel认为输入的是一
个正文标签。

第 3 章 ｜ 日期函数范例应用技巧

例 22 返回当前日期与星期数

通过TODAY函数可以实现快速返回当前日期与星期数。

选中B2单元格，在编辑栏中输入公式：=TEXT(TODAY(),"yyyy-mm-dd AAAA")。

按回车键，即可返回当前日期与星期几，如图3-1所示。

	B2	▼	f	=TEXT(TODAY(),"yyyy-mm-dd AAAA")	
	A		B		C
1					
2	当前日期与星期		2009-10-26 星期一		
3					

图3-1

例 23 将非日期数据转换为标准的日期

为了实现快速输入，在输入日期数据时都输入了类似20080507、20081012、20081021……的形式。完成输入后，可以按如下方法来设置公式从而实现日期格式的快速转换。

❶ 选中B2单元格，在编辑栏中输入公式：=DATE(MID(A2,1,4),MID(A2,5,2),MID(A2,7,2))。

按回车键即可将非日期数据转换为标准的日期格式。

❷ 选中B2单元格，向下拖动进行公式填充，可以实现快速转换其他数据为日期格式，如图3-2所示。

	B2	▼	f	=DATE(MID(A2,1,4),MID(A2,5,2),MID(A2,7,2))	
	A		B		C
1	简易输入		标准日期		
2	20090507		2009-5-7		
3	20081012		2009-10-12		
4	20091021		2009-10-21		
5	20091215		2009-12-15		

图3-2

例 **24** 已知一年中的第几天，计算其准确日期

如果当前已知一年中的第几天，可以使用DATE函数计算其对应的准确日期。

❶ 选中B2单元格，在编辑栏中输入公式：=DATE(2009,1,A2)。

按回车键，计算出2009年第10天对应的日期。

❷ 选中B2单元格，向下拖动复制公式，可以实现快速返回第N天对应的日期，如图3-3所示。

	A	B	C
B2		=DATE(2009,1,A2)	
1	2009年的第N天	对应日期	
2	10	2009-1-10	
3	100	2009-4-10	
4	200	2009-7-19	
5	300	2009-10-27	
6			

图3-3

例 **25** 自动填写报表中的月份

产品销售报表需要每月建立且结构相似，对于表头信息需要更改月份值的情况，可以使用MONTH和TODAY函数来实现月份的自动填写。MONTH函数用于计算指定日期所对应的月份，其值是介于1~12的整数。

选中B1单元格，在编辑栏中输入公式：=MONTH(TODAY())。

按回车键即可自动填写当前的销售月份，如图3-4所示。

B1	A	B	C	D
		=MONTH(TODAY())		
1		11	月份销售情况	
2	品名	销售量	单价	销售金额
3	锅心管	118	98.5	11623
4	定位锅心管	158	85	13430
5	双簧管	108	95.8	10346.4
6	锅心双簧管	121	108.5	13128.5
7	紫光杆	318	92.5	29415

图3-4

27

例 26 计算倒计时天数

例如某会议在2010年1月1日召开，可以将DATE和TODAY两个函数配合使用来实现。

选中B2单元格，在编辑栏中输入公式：=DATE(2010,1,1)-TODAY()。

按回车键即可计算出倒计时的天数，如图3-5所示。

图3-5

例 27 判断一个月的最大天数

判断一个月的最大天数，对于报表日期范围的设置非常实用。要获得某一月份的最大天数，可以使用DAY函数来实现。DAY函数返回指定日期所对应的当月天数。

例如：要求出2008年2月份的最大天数，可以求2008年3月0号的值，虽然0号不存在，但date函数也可以接受此值，根据此特性，便会自动返回3月0号的前一数据的日期。

因此，计算2008年2月份天数的公式为：=DAY(DATE(2008,3,0))。

计算2008年4月份天数的公式为：=DAY(DATE(2008,5,0))。

例 28 批量计算出员工年龄（YEAR与TODAY函数）

当得知员工的出生日期之后，使用YEAR与TODAY函数可以计算出员工年龄。YEAR函数返回某指定日期所对应的年份，其值是介于1900～9999的一个整数。

❶ 选中E2单元格，在编辑栏中输入公式：=YEAR(TODAY())-YEAR(C2)。

按回车键返回日期值，向下复制E2单元格的公式，如图3-6所示。

	A	B	C	D	E
	编号	姓名	出生日期	入公司日期	年龄
1					
2	RF001	李丽	1978-10-10	2002-4-7	1900-1-30
3	RF002	周军洋	1980-4-5	2003-1-8	1900-1-23
4	RF003	苏田	1972-6-21	1996-2-9	1900-2-5
5	RF004	刘飞虎	1971-8-1	1996-10-10	1900-2-6

公式栏：=YEAR(TODAY())-YEAR(C2)

图3-6

❷ 选中"年龄"列函数返回的日期值，重新设置其单元格格式为"常规"格式，即可以根据出生日期返回员工年龄，如图3-7所示。

	A	B	C	D	E
	编号	姓名	出生日期	入公司日期	年龄
1					
2	RF001	李丽	1978-10-10	2002-4-7	30
3	RF002	周军洋	1980-4-5	2003-1-8	28
4	RF003	苏田	1972-6-21	1996-2-9	36
5	RF004	刘飞虎	1971-8-1	1996-10-10	37

图3-7

例 29 批量计算出员工工龄

当得知员工进入公司的日期之后，使用YEAR与TODAY函数可以计算出员工工龄。

❶ 选中F2单元格，在编辑栏中输入公式：=YEAR(TODAY())-YEAR(D2)。

按回车键返回日期值，向下复制公式，如图3-8所示。

	A	B	C	D	E	F
	编号	姓名	出生日期	入公司日期	年龄	工龄
1						
2	RF001	李丽	1978-10-10	2002-4-7	30	1900-1-6
3	RF002	周军洋	1980-4-5	2003-1-8	28	1900-1-5
4	RF003	苏田	1972-6-21	1996-2-9	36	1900-1-12
5	RF004	刘飞虎	1971-8-1	1996-10-10	37	1900-1-12

公式栏：=YEAR(TODAY())-YEAR(D2)

图3-8

❷ 选中"工龄"列函数返回的日期值，设置其单元格格式为"常规"，即可以根据入公司日期返回员工工龄，如图3-9所示。

	F2	▼	fx	=YEAR(TODAY())-YEAR(D2)		
	A	B	C	D	E	F
1	编号	姓名	出生日期	入公司日期	年龄	工龄
2	RF001	李丽	1978-10-10	2002-4-7	30	6
3	RF002	周军洋	1980-4-5	2003-1-8	28	5
4	RF003	苏田	1972-6-21	1996-2-9	36	12
5	RF004	刘飞虎	1971-8-1	1996-10-10	37	12

图3-9

例 30 根据出生日期快速计算年龄（DATEDIF函数）

如果要根据员工的出生日期快速计算出其年龄，则可以使用DATEDIF函数来实现。DATEDIF函数用于计算两个日期之间的年数、月数和天数。

❶ 选中D2单元格，在编辑栏中输入公式：=DATEDIF(C2,TODAY(), "Y")。

按回车键即可计算出员工年龄。

❷ 选中D2单元格，向下拖动复制公式，可以快速计算出其他员工的年龄，如图3-10所示。

	D2	▼	fx	=DATEDIF(C2,TODAY(),"Y")
	A	B	C	D
1	姓名	性别	出生日期	年龄
2	李丽	女	1978-10-10	29
3	周军洋	男	1980-4-5	28
4	苏田	女	1972-6-21	35
5	刘飞虎	男	1971-8-1	36

图3-10

例 **31** 快速自动追加工龄工资

财务部门在计算工龄工资时通常是以其工作年限来计算，如本例中想实现根据入职年龄，每满一年，工龄工资自动增加50元。

❶ 选中B2单元格，在编辑栏中输入公式：=DATEDIF(A2,TODAY(),"y")*50。

按回车键返回日期值，向下复制B2单元格的公式，如图3-11所示。

	A	B	C	D
	B2	fx =DATEDIF(A2,TODAY(),"y")*50		
1	入职时间	工龄工资		
2	2000-1-20	1901-2-3		
3	2003-2-20	1900-9-6		
4	2001-9-10	1900-10-26		
5	2005-4-16	1900-5-29		
6	1995-12-1	1901-8-22		
7	2002-5-10	1900-10-26		

图3-11

❷ 选中"工龄工资"列函数返回的日期值，重新设置其单元格格式为"常规"即可以根据入职时间自动显示工龄工资，如图3-12所示。

	A	B
1	入职时间	工龄工资
2	2000-1-20	400
3	2003-2-20	250
4	2001-9-10	300
5	2005-4-16	150
6	1995-12-1	600
7	2002-5-10	300

图3-12

例 **32** 计算总借款天数（DATEDIF函数）

使用DATEDIF函数也可以根据借款日期与还款日期计算出总借款天数。

❶ 选中E2单元格，在编辑栏中输入公式：=DATEDIF(C2,D2,"D")。

按回车键计算出第一项借款的总借款天数。

❷ 选中E2单元格，向下复制公式，即可快速计算出各项借款的总借款天数，如图3-13所示。

	A	B	C	D	E
				fx =DATEDIF(C2,D2,"D")	
1	借款人	账款金额	借款日期	应还日期	总借款天数
2	康博科技	20000	2009-3-18	2009-10-1	197
3	金星贸易	15000	2008-7-21	2009-12-10	507
4	金源科技	40000	2008-10-15	2009-12-12	423
5	顺丰生物	5800	2009-1-15	2010-1-20	370

图3-13

例 33 精确计算应收账款的账龄

在账龄计算过程中，可以使用DATEDIF函数来计算精确的账龄（精确到天）。

❶ 选中E2单元格，在编辑栏中输入公式：=CONCATENATE(DATEDIF(D2,TODAY(),"Y"),"年",DATEDIF(D2,TODAY(),"YM"),"个月",DATEDIF(D2,TODAY(),"MD"),"日")，计算出第一项应收账款的账龄。

❷ 选中E2单元格，向下拖动进行公式填充，即可快速计算出各项应收账款的账龄，如图3-14所示。

	A	B	C	D	E	F
		fx =CONCATENATE(DATEDIF(D2,TODAY(),"Y"),"年",DATEDIF(D2,TODAY(),"YM"),"个月",DATEDIF(D2,TODAY(),"MD"),"日")				
1	发票号码	应收金额	已收金额	到期日期	账龄计算	
2	55002	20850	10000	2008-6-12	1年4个月19日	
3	32850	10000	0	2009-3-11	0年7个月20日	
4	23851	5800	2000	2009-4-5	0年6个月28日	
5	25801	2000	0	2009-5-20	0年5个月11日	
6	45688	12000	5000	2009-8-10	0年2个月21日	
7	63001	15000	0	2009-10-1	0年1个月0日	

图3-14

例 34 计算总借款天数（DAYS360函数）

使用DAYS360函数可以按照一年360天的算法计算出两个日期间相差的天数。因此本例中根据借款日期、应还日期来计算总借款天数，则可以使用该函数来实现。

❶ 选中E2单元格，在编辑栏中输入公式：=DAYS360(C2,D2, FALSE)。

按回车键，计算出第一项借款的总借款天数。

❷ 选中E2单元格，向下拖动复制公式，即可快速计算出各项借款的总借款天数，如图3-15所示。

	E2	▼	ƒ× =DAYS360(C2,D2,FALSE)	
	A	B	C	D	E
1	借款人	账款金额	借款日期	应还日期	总借款天数
2	康博科技	20000	2008-3-18	2009-10-1	193
3	金星贸易	15000	2008-7-21	2009-12-10	499
4	金源科技	40000	2008-10-15	2009-12-12	417
5	顺丰生物	5800	2009-1-15	2010-1-20	365
6					

图3-15

例 35 计算还款剩余天数

要根据借款日期、应还日期来计算还款的剩余天数，需要使用到DAYS360与TODAY函数。

❶ 选中E2单元格，在编辑栏中输入公式：=DAYS360(TODAY(), D2)。

按回车键，计算出第一项借款的还款剩余天数。

❷ 选中E2单元格，向下拖动复制公式，即可快速计算出各项借款的还款剩余天数，如图3-16所示。

E2			fx	=DAYS360(TODAY(),D2)	
	A	B	C	D	E
1	发票编号	账款金额	借款日期	应还日期	剩余天数
2	55002	20000	2009-3-18	2009-10-1	-30
3	32650	15000	2008-7-21	2009-12-10	39
4	23651	40000	2008-10-15	2009-12-12	41
5	25801	5800	2009-1-15	2010-1-20	79

图3-16

例 36 TODAY函数在账龄分析中的应用

在账务管理中经常需要对应收账款的账龄进行分析，以及时催收账龄过长的账款。这时需要使用到TODAY函数。

❶ 图3-17所示为应收账款记录表，根据分析需要建立相应的求解标识。

	A	B	C	D	E	F	G
1	发票号码	应收金额	已收金额	到期日期	账龄分析		
2					30~60	60~90	90天以上
3	55002	20850	10000	2008-1-12			
4	32650	10000	0	2008-3-11			
5	23651	5600	2000	2008-4-5			
6	25801	2000	0	2008-4-20			
7	45688	12000	0	2008-5-20			
8	63001	15000	0	2008-7-30			

图3-17

❷ 选中E3单元格，在编辑栏中输入公式：=IF(AND(TODAY()-$D3>30,TODAY()-$D3<=60),$B3-$C3,0)。

按回车键，判断第一项应收账款的账龄是否在30~60天范围内。如果在，返回金额；如果不在，返回0值，如图3-18所示。

❸ 选中F3单元格，在编辑栏中输入公式：=IF(AND(TODAY()-$D3>60,TODAY()-$D3<=90),$B3-$C3,0)。

E3		fx	=IF(AND(TODAY()-$D3>30, TODAY()-$D3<=60), $B3-$C3, 0)			

	A	B	C	D	E	F	G
1 2	发票号码	应收金额	已收金额	到期日期	账龄分析		
					30-60	60-90	90天以上
3	55002	20850	10000	2009-9-18	10850		
4	32850	10000	0	2009-9-15			
5	23851	5600	2000	2009-8-18			

图3-18

按回车键，判断第一项应收账款的账龄是否在60～90天范围内。如果在，返回金额；如果不在，返回0值，如图3-19所示。

F3		fx	=IF(AND(TODAY()-$D3>60, TODAY()-$D3<=90), $B3-$C3, 0)			

	A	B	C	D	E	F	G
1 2	发票号码	应收金额	已收金额	到期日期	账龄分析		
					30-60	60-90	90天以上
3	55002	20850	10000	2009-9-18	10850	0	
4	32850	10000	0	2009-9-15			
5	23851	5600	2000	2009-8-18			

图3-19

❹ 选中G3单元格，在编辑栏中输入公式：=IF(TODAY()-$D3>90,$B3-$C3,0)。

按回车键，判断第一项应收账款的账龄是否大于90天。如果在，返回金额；如果不在，返回0值，如图3-20所示。

G3		fx	=IF(TODAY()-$D3>90, $B3-$C3, 0)			

	A	B	C	D	E	F	G
1 2	发票号码	应收金额	已收金额	到期日期	账龄分析		
					30-60	60-90	90天以上
3	55002	20850	10000	2009-9-18	10850		0
4	32850	10000	0	2009-9-15			
5	23851	5600	2000	2009-8-18			

图3-20

❺ 同时选中E3:G3单元格区域，将光标定位到右下角，向下拖动复制公式，可以快速得到其他应收账款的账龄，如图3-21所示。

E3 ▾ ⨍ =IF(AND(TODAY()-$D3>30,TODAY()-$D3<=60),$B3-$C3,0)

	A	B	C	D	E	F	G
1 2	发票号码	应收金额	已收金额	到期日期	账龄分析		
					30~60	60~90	90天以上
3	55002	20850	10000	2009-9-18	10850	0	0
4	32650	10000	0	2009-9-15	10000	0	0
5	23651	5800	2000	2009-8-18	0	3600	0
6	25801	2000	0	2009-8-5	0	2000	0
7	45888	12000	5000	2009-7-20	0	0	7000
8	63001	15000	0	2009-7-1	0	0	15000

图3-21

例 37 计算固定资产的已使用月份

要计算出固定资产已使用的月份，可以先计算出固定资产已使用的天数，然后除以30。此时需要使用到DAYS360函数。

❶ 选中E2单元格，在公式编辑栏中输入公式：=INT(DAYS360(D2,TODAY())/30)。

按回车键，即可根据第一项固定资产的增加日期计算出到目前为止已使用的月份。

❷ 选中E2单元格，向下复制公式，可以快速计算出其他固定资产已使用的月份，如图3-22所示。

E2 ▾ ⨍ =INT(DAYS360(D2,TODAY())/30)

	A	B	C	D	E
1	编号	资产名称	规格型号	增加日期	已使用月份
2	11011	厂部	50万平方	2002-5-10	89
3	11012	仓库	400平方	2002-8-18	88
4	21011	厢式实验电炉		2003-10-8	72
5	21012	油压裁断机		2005-3-21	55
6	21013	喷雾干燥机		2005-3-21	55

图3-22

例 **38** 快速返回值班日期对应的星期数

本例要实现的目标是根据所安排的值班日期，快速查看其对应的星期数。此时需要使用到WEEKDAY函数，该函数返回特定日期所对应的星期数。

❶ 选中C2单元格，在编辑栏中输入公式：="星期"&WEEKDAY(B2,2)。

按回车键，返回第一个值班日期对应的星期数。

❷ 选中C2单元格，向下复制公式，即可快速返回其他值班日期对应的星期数，如图3-23所示。

	A	B	C	D
	C2		="星期"&WEEKDAY(B2,2)	
1	值班人员	值班日期	星期数	
2	李丽	2008-5-4	星期7	
3	周军洋	2008-5-5	星期1	
4	苏田	2008-5-6	星期2	
5	刘飞虎	2008-10-4	星期6	
6	张兰	2008-10-5	星期7	

图3-23

例 **39** 快速返回日期对应的星期数（中文星期数）

上一技巧中我们使用了WEEKDAY函数返回了值班日期对应的星期数，如果想让返回的星期数以中文文字显示，可以按如下方法设置公式。

❶ 选中C2单元格，在编辑栏中输入公式：=TEXT(WEEKDAY(B2,1),"aaaa")。

按回车键，返回第一个值班日期对应的中文星期数。

❷ 选中C2单元格，向下复制公式，即可快速返回其他值班日期对应的中文星期数，如图3-24所示。

随身查

	C2		f_x =TEXT(WEEKDAY(B2,1),"aaaa")	
	A	B	C	D
1	值班人员	值班日期	星期数	
2	李丽	2008-5-4	星期日	
3	周军洋	2008-5-5	星期一	
4	苏田	2008-5-6	星期二	
5	刘飞虎	2008-10-4	星期六	
6	张兰	2008-10-5	星期日	

图3-24

公式解析

本例中在WEEKDAY(B2,1)前加了TEXT函数，此函数用于将数值转换为按指定数字格式表示的文本，这是该公式设置的关键所在。

例 40 计算两个日期之间的实际工作日

例如要计算出2009年"十一"国庆节到2010年元旦之间的实际工作日，可以使用NETWORKDAYS函数来实现。该函数返回两个指定日期之间完整的工作日数值，不包括周末和法定假期。

选中C2单元格，在编辑栏中输入公式：=NETWORKDAYS(A2,B2,B5:B7)。

按回车键，即可计算出2009年"十一"国庆节到2010年元旦期间的实际工作日（B5:B7单元格区域中显示的是除去周六、周日之外还应去除的休息日），如图3-25所示。

	C2		f_x =NETWORKDAYS(A2,B2,B5:B7)
	A	B	C
1	五一	国庆	工作日
2	2009-10-1	2010-1-1	65
4	假日	日期	
5		2009-10-1	
6	五一	2009-10-2	
7		2009-10-3	

图3-25

例 41 快速查看指定年份各月天数

使用EOMONTH函数配合DAY函数、DATE函数可以实现快速查看指定年份中各月的天数，具体方法如下。

❶ 选中B3单元格，在编辑栏中输入公式：=DAY(EOMONTH(DATE($B$1,A3,1),0))&"天"。

按回车键即可计算出2009年1月份天数。

❷ 选中B3单元格，向下复制公式，即可计算出2009年各个月份对应的天数，如图3-26所示。

B3		=DAY(EOMONTH(DATE($B$1,A3,1),0))&"天"			
	A	B	C	D	E
1	输入查询年份	2009			
2	月份	天数			
3	1	31天			
4	2	28天			
5	3	31天			
6	4	30天			
7	5	31天			
8	6	30天			
9	7	31天			
10	8	31天			
11	9	30天			
12	10	31天			
13	11	30天			
14	12	31天			

图3-26

❸ 当需要查询其他年份中各个月份的天数时，只要在B1单元格中输入要查询的年份，按回车键即可，如图3-27所示输入了"2012"。

公式解析

公式"DATE($A$2,B2,1)"，表示用DATE函数将数值转换为日期；"(EOMONTH(DATE($A$2,B2,1),0)"表示返回给定日期中当前月的最后一天的日期；然后用DAY函数返回指定时间的天数。

图3-27

例 42 计算指定日期到月底的天数

要计算指定日期到月底的天数，需要使用EOMONTH函数首先计算出相应的月末日期，然后再减去指定日期。

❶ 选中B2单元格，在编辑栏中输入公式：=EOMONTH(A2,0)-A2。

按回车键，向下复制B2单元格的公式，即可计算出指定日期到月末的天数（默认返回日期值），如图3-28所示。

图3-28

❷ 选中返回的结果，重新设置其单元格格式为"常规"，显示出天数，如图3-29所示。

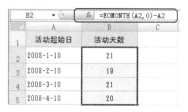

图3-29

例 43 计算员工年假占全年工作日的百分比

当企业员工在休年假时，可以根据休假的起始日、结束日来计算休假日期占全年工作日的百分比。

❶ 选中D2单元格，在编辑栏中输入公式：=NETWORKDAYS(B2,C2)/NETWORKDAYS("2008-01-01","2009-01-01")。

按回车键即可计算出第一位员工休假天数占全年工作日的百分比。

❷ 选中D2单元格，向下拖动进行公式填充，即可快速返回其他员工休假天数占全年工作日的百分比，如图3-30所示。

	A	B	C	D
1	员工姓名	假期起始日	假期结束日	请假天数占全年工作日的百分比
2	李丽	2008-1-10	2008-1-25	4.56%
3	周军洋	2008-2-10	2008-2-22	3.80%
4	苏田	2008-3-15	2008-4-15	8.37%

D2 =NETWORKDAYS(B2,C2)/NETWORKDAYS("2008-01-01","2009-01-01")

图3-30

读书笔记

第 4 章　数学函数范例应用技巧

例 **44** 得知各产品的销售量与销售单价时用SUM函数计算其总销售额

SUM函数最简单的用法就是对某一区域进行求和。本例是SUM函数的活用，在统计了每种产品的销售数量与销售单价后，可以直接使用SUM函数统计出这一阶段的总销售额。

选中B8单元格，在编辑栏中输入公式：=SUM(B2:B6*C2:C6)。

按"Ctrl+Shift+Enter"组合键（必须按此组合键数组公式才能得到正确结果），即可通过销售数量和销售单价计算出总销售额，如图4-1所示。

B8	▼	{=SUM(B2:B6*C2:C6)}
	A	B	C
1	产品名称	销售数量	单价
2	登山鞋	120	219
3	攀岩鞋	54	328
4	沙滩鞋	187	128
5	溯溪鞋	121	128
6	徒步鞋	86	298
7			
8	总销售金额	107174	

图4-1

例 **45** 统计某一经办人的总销售金额（SUM函数）

本例表格中统计了产品的销售记录（其中某位经办人有多条销售记录），现在要统计出该经办人的总销售金额。

选中F4单元格，在编辑栏中输入公式：=SUM((C2:C7="张芳")*D2:D7)。

公式解析

"C2:C7="张芳""用于判断C2:C7单元格区域中的值是否为"张芳"。如果是，返回"TURE"；如果不是，返回"FALSE"，然后这一组数值与D2:D7单元格区域的值相对应，以确定将哪些值进行求和。

按"Ctrl+Shift+Enter"组合键，即可统计出"张芳"的总销售金额，如图4-2所示。

图4-2

例 46 统计两位（或多位）经办人的总销售金额（SUM函数）

本例表格中统计了产品的销售记录（其中一位经办人有多条销售记录），现在要统计出某两位或多位经办人的销售金额合计值。

选中F5单元格，在编辑栏中输入公式：=SUM((C2:C7={"张芳","何利洋"})*D2:D7)。

按"Ctrl+Shift+Enter"组合键（数组公式必须按此组合键才能得到正确结果），即可统计出"张芳"与"何利洋"的销售金额合计值，如图4-3所示。

图4-3

例 ④⑦ 统计不同时间段不同类别产品的销售金额

在本例中销售记录表是按日期进行统计的，此时需要统计出上半个月中不同类别产品的销售金额。

❶ 根据求解目的在数据表中建立求解标识。选中F4单元格，在编辑栏中输入公式：=SUM(($A$2:$A$11<=F$3)*($B$2:$B$11=$E4)*$C$2:$C$11)。

按"Ctrl+Shift+Enter"组合键，统计出上半个月"男式毛衣"产品的销售金额。

❷ 选中F4单元格，向下拖动进行公式填充，可以快速统计出上半个月中各个类别产品的销售金额，如图4-4所示。

	A	B	C	D	E	F
F4		{=SUM(($A$2:$A$11<=F$3)*($B$2:$B$11=$E4)*$C$2:$C$11)}				
1	日期	类别	金额			
2	09-6-1	男式毛衣	110			
3	09-6-3	男式毛衣	456		类别	09-8-15
4	09-6-7	女式针织衫	325		男式毛衣	689
5	09-6-8	男式毛衣	123		女式针织衫	1757
6	09-6-9	女式连衣裙	125		女式连衣裙	1607
7	09-6-13	女式针织衫	1432			
8	09-6-14	女式连衣裙	1482			
9	09-6-18	女式针织衫	1500			
10	09-6-17	男式毛衣	2000			
11	09-6-24	女式连衣裙	968			

图4-4

公式解析

F4单元格的公式可以按如下方法解析。

在$A$2:$A$11单元格区域中找出小于等于F3单元格日期的记录，并在满足此条件的基础上再找出$B$2:$B$11单元格区域中所有等于E4单元格规定的条件的记录。将同时满足上述两个条件的$C$2:$C$11单元格上的值进行求和。

公式中有的使用了绝对引用方式，有的使用了相对引用方式，这些都是为了方便公式的复制。读者可以在复制公式后，选择不同的单元格查看引用单元格的变化情况。

例 48 将出库数据按月份进行汇总

在本例中按日期统计了出库数据，并且出库日期分布在不同的月份中，此时想统计出各个月份的出库总金额，可以使用SUM函数配合TEXT函数来设计公式。

❶ 根据求解目的在数据表中建立求解标识。选中E2单元格，输入公式：=SUM((TEXT($A$2:$A$9,"yyyymm")=TEXT(D2,"yyyymm"))*$B$2:$B$9)。

按"Ctrl+Shift+Enter"组合键，统计出2009年1月份出库数量合计值。

❷ 选中E2单元格，向下复制公式，可以快速统计出各个月份中出库数量合计值，如图4-5所示。

	A	B	C	D	E	F
	日期	出库数量		月份	金额	
1						
2	09-1-1	200		09年1月	478	
3	09-1-20	155		09年2月	325	
4	09-1-30	123		09年3月	227	
5	09-2-10	200		09年4月	500	
6	09-2-25	125		09年5月	0	
7	09-3-5	132		08年6月	0	
8	09-3-28	95				
9	09-4-15	500				

E2 公式栏：{=SUM((TEXT($A$2:$A$9,"yyyymm")=TEXT(D2,"yyyymm"))*$B$2:$B$9)}

图4-5

公式解析

E2单元格的公式可以按如下方法解析。

> 公式 "TEXT($A$2:$A$9,"yyyymm")" 将$A$2:$A$9单格区域
> 中所有的日期转换为类似 "200801" 的形式，然后判断这组日期是否
> 等于 "TEXT(D2,"yyyymm")"，如果是，则返回 "TURE"，否则返回
> "FALSE"。将所有返回TURE值的项对应在B列中的数值进行求和。

例 49 统计各部门工资总额

本例中统计了多位员工的工资总额，而且员工属于不同的部门，
现在要统计出每个部门的工资总额，此时可以使用SUMIF函数来实
现。SUMIF函数用于按照指定条件对若干单元格、区域或引用求和。

❶ 根据求解目的在数据表中建立求解标识。选中F3单元格，在
编辑栏中输入公式：=SUMIF(B2:B8,E3,C2:C8)。

按回车键，即可统计第一个部门工资总额。

❷ 选中F3单元格，向下复制公式，可以快速统计出各个部门工
资总额，如图4-6所示。

F3	▼	fx	=SUMIF(B2:B8,E3,C2:C8)		
	A	B	C	D	E	F
1	姓名	所属部门	工资		部门	工资总额
2	徐姗姗	财务部	1996		财务部	4424.5
3	许世宝	销售部	2555		销售部	13754.6
4	郭蓉	企划部	1396		企划部	4062
5	钟佳	企划部	2666			
6	尹瑶	销售部	4250.6			
7	李玉琢	财务部	2428.5			
8	罗君	销售部	6949			

图4-6

例 50 统计某个时段的销售总金额（SUMIF函数）

本例表格中按销售日期统计了产品的销售记录，现在要统计出前
半月与后半月的销售总金额，此时可以使用SUMIF函数来设计公式。

❶ 选中F4单元格，在编辑栏中输入公式：=SUMIF(A2:A10,

"<=09-6-15",C2:C10)。

按回车键，即可统计出前半月销售总金额，如图4-7所示。

F4		fx	=SUMIF(A2:A10,"<=09-6-15",C2:C10)			
	A	B	C	D	E	F
1	日期	类别	金额			
2	09-6-1	男式毛衣	110			
3	09-6-3	男式毛衣	456			
4	09-6-7	女式针织衫	325		前半月销售金额	2621
5	09-6-8	男式毛衣	123			
6	09-6-9	女式连衣裙	125		后半月销售金额	
7	09-6-14	女式连衣裙	1482			
8	09-6-16	女式针织衫	1500			
9	09-6-17	男式毛衣	2000			
10	09-6-24	女式连衣裙	968			

图4-7

❷ 选中F6单元格，在编辑栏中输入公式：=SUMIF(A2:A10,">09-6-15",C2:C10)。

按回车键，即可统计出后半月销售总金额，如图4-8所示。

F6		fx	=SUMIF(A2:A10,">09-6-15",C2:C10)			
	A	B	C	D	E	F
1	日期	类别	金额			
2	09-6-1	男式毛衣	110			
3	09-6-3	男式毛衣	456			
4	09-6-7	女式针织衫	325		前半月销售金额	2621
5	09-6-8	男式毛衣	123			
6	09-6-9	女式连衣裙	125		后半月销售金额	4468
7	09-6-14	女式连衣裙	1482			
8	09-6-16	女式针织衫	1500			
9	09-6-17	男式毛衣	2000			
10	09-6-24	女式连衣裙	968			

图4-8

例 51 在SUMIF函数中使用通配符

使用SUMIF函数时，用于表示判定条件的Criteria参数中可以使用通配符。比如本例中要统计出所有"裙"类衣服的总金额，其公式设置方法如下。

选中F3单元格，在编辑栏中输入公式：=SUMIF(B2:B9,"*裙",C2:C9)。

按回车键，即可统计出"裙"类衣服的总金额，如图4-9所示。

F3	▼	f₌	=SUMIF(B2:B9,"*裙",C2:C9)		
	A	B	C	D	E	F
1	日期	类别	金额			
2	09-6-3	男式毛衣	456			
3	09-6-7	女式套裙	325		"裙"类衣服总金额	4864
4	09-6-8	男式毛衣	123			
5	09-6-9	女式连衣裙	125			
6	09-6-13	女式套裙	1432			
7	09-6-14	女式连衣裙	1482			
8	09-6-16	女式套裙	1500			
9	09-6-17	男式毛衣	2000			

图4-9

例 52 统计两种或多种类别产品总销售金额

在本例中按类别统计了销售记录表，此时需要统计出某两种或多种类别产品总销售金额，需要配合使用SUM函数与SUMIF函数来设计公式。

选中F4单元格，在编辑栏中输入公式：=SUM(SUMIF(B2:B11,{"男式毛衣","女式毛衣"},C2:C11))。

按回车键，即可统计出"男式毛衣"与"女式毛衣"两种产品总销售金额，如图4-10所示。

F4	▼	f₌	=SUM(SUMIF(B2:B11,{"男式毛衣","女式毛衣"},C2:C11))		
	A	B	C	D	E	F	G
1	日期	类别	金额			
2	09-6-1	男式毛衣	110			
3	09-6-3	男式夹克衫	456			
4	09-6-7	女式毛衣	325		男(女)式毛衣总金额	5490
5	09-6-8	男式毛衣	123			
6	09-6-9	女式连衣裙	125			
7	09-6-13	女式毛衣	1432			
8	09-6-14	女式连衣裙	1482			
9	09-6-16	女式毛衣	1500			
10	09-6-17	男式毛衣	2000			
11	09-6-24	女式连衣裙	968			

图4-10

例 **53** 使用SUMIFS函数实现多条件统计

本例中按日期、类别统计了销售记录。现在要使用SUMIFS函数统计出上半月中各类别产品的销售金额合计值。SUMIFS函数用于对某一区域内满足多重条件的单元格求和。

❶ 在工作表中输入数据并建立好求解标识。选中G4单元格，在编辑栏中输入公式：=SUMIFS(D$2:D$9,A$2:A$9,"<=09-1-15",B$2:B$9,F4)。

按回车键，即可统计出"立弗乒拍"产品上半月的销售金额。

❷ 选中G4单元格，向下复制公式，可以快速统计出各类别产品上半月销售金额，如图4-11所示。

	A	B	C	D	E	F	G	H
			fx	=SUMIFS(D$2:D$9,A$2:A$9,"<=09-1-15",B$2:B$9,F4)				
1	日期	类别	全称	金额				
2	09-1-1	立弗乒拍	立弗乒拍6007	300				
3	09-1-3	立弗羽拍	立弗羽拍320A	755		类别	上半月销售金额	
4	09-1-7	立弗乒拍	立弗乒拍4005	148		立弗乒拍	1008	
5	09-1-9	立弗羽拍	立弗羽拍320A	458		立弗羽拍	1213	
6	09-1-13	立弗乒拍	立弗乒拍4005	560				
7	09-1-16	立弗乒拍	立弗乒拍4005	465				
8	09-1-16	立弗乒拍	立弗乒拍6007	565				
9	09-1-17	立弗羽拍	立弗羽拍2211	292				

图4-11

例 **54** 统计某日期区间的销售金额

本例中按日期、类别统计了销售记录。通过SUMIFS函数来设置公式可以统计出某月中旬销售金额合计值。

选中F5单元格，在编辑栏中输入公式：=SUMIFS(D2:D9,A2:A9,">09-1-10",A2:A9,"<=09-1-20")。

按回车键，即可统计2009年1月中旬销售总金额，如图4-12所示。

	A	B	C	D	E	F	G
1	日期	类别	全称	金额			
2	09-1-1	立弗乒拍	立弗乒拍6007	300			
3	09-1-3	立弗羽拍	立弗羽拍320A	755			
4	09-1-7	立弗乒拍	立弗乒拍4005	148		中旬销售金额	
5	09-1-9	立弗羽拍	立弗羽拍320A	458		1590	
6	09-1-13	立弗乒拍	立弗乒拍4005	560			
7	09-1-16	立弗乒拍	立弗乒拍6007	465			
8	09-1-16	立弗乒拍	立弗乒拍6007	565			
9	09-1-27	立弗羽拍	立弗羽拍2211	292			

F5 =SUMIFS(D2:D9,A2:A9,">09-1-10",A2:A9,"<=09-1-20")

图4-12

例 55 得知各产品的销售量与销售单价时用 SUMPRODUCT函数计算其总销售额

在统计了每种产品的销售数量与销售单价后，可以直接使用SUMPRODUCT函数统计出总销售额。SUMPRODUCT函数用于在指定的几组数组中，将数组间对应的元素相乘，并返回乘积之和。

选中B8单元格，在编辑栏中输入公式：=SUMPRODUCT(B2:B6,C2:C6)。

按回车键，即可计算出产品总销售额，如图4-13所示。

	A	B	C	D
1	产品名称	销售数量	单价	
2	登山鞋	120	219	
3	攀岩鞋	54	328	
4	沙滩鞋	187	118	
5	溯溪鞋	121	128	
6	徒步鞋	86	298	
7				
8	总销售金额	107174		

B8 =SUMPRODUCT(B2:B6,C2:C6)

图4-13

例 56 统计出某两种或多种产品的总销售金额（SUMPRODUCT函数）

本例中按类别统计了销售记录表，此时需要统计出某两种或多种类别产品总销售金额，可以直接使用SUMPRODUCT函数来实现。

选中F4单元格，在编辑栏中输入公式：=SUMPRODUCT((((B2:B9="男式毛衣")+(B2:B9="女式毛衣")),$C$2:$C$9)。

按回车键，即可统计出"男式毛衣"与"女式毛衣"两种规格产品总销售金额，如图4-14所示。

F4		fx	=SUMPRODUCT((((B2:B9="男式毛衣")+(B2:B9="女式毛衣")),$C$2:$C$9)			
	A	B	C	D	E	F
1	日期	类别	金额			
2	09-6-3	男式毛衣	110			
3	09-6-7	男式毛衣	456		男(女)式毛	2446
4	09-6-8	女式毛衣	325		衣总金额	
5	09-6-9	男式毛衣	123			
6	09-6-13	女式连衣裙	125			
7	09-6-14	女式毛衣	1432			
8	09-6-16	女式连衣裙	1482			
9	09-6-24	女式连衣裙	968			

图4-14

例 57 统计出指定部门、指定职务的员工人数

本例统计了企业人员的所属部门与职务，现在需要统计出指定部门、指定职务的员工人数，可以使用SUMPRODUCT函数来实现。

❶ 根据求解目的在数据表中建立求解标识。选中F4单元格，在编辑栏中输入公式：=SUMPRODUCT(($B$2:$B$9=E4)*($C$2:$C$9="职员"))。

按回车键，即可统计出所属部门为"财务部"且职务为"职员"的人数。

❷ 选中F4单元格，向下复制公式，可以快速统计出其他指定部门、指定职务的员工人数，如图4-15所示。

| F4 | ▼ | | =SUMPRODUCT(($B$2:$B$9=E4)*($C$2:$C$9="职员")) |

	A	B	C	D	E	F
1	姓名	所属部门	职务			
2	杨维玲	财务部	总监			
3	王翔	销售部	职员		部门	职员人数
4	杨若晨	企划部	经理		财务部	1
5	李毅	企划部	职员		销售部	3
6	徐志恒	销售部	职员		企划部	2
7	吴申德	财务部	职员			
8	李麒	企划部	职员			
9	丁泰	销售部	职员			

图4-15

例 58 统计出指定部门奖金大于固定值的人数

本例中统计了各个部门每位员工获得资金的记录，现在要统计出各个部门获得奖金大于某一固定值的人数。

❶ 根据求解目的在数据表中建立求解标识。选中F4单元格，在编辑栏中输入公式：=SUMPRODUCT((A$2:A$10=E4)*(C$2:C$10>800))。

按回车键，即可统计出"销售部"获得奖金且金额大于800元的人数。

❷ 选中F4单元格，向下复制公式，可以快速统计指定部门获得奖金且金额大于800元的人数，如图4-16所示。

| F4 | ▼ | | =SUMPRODUCT((A$2:A$10=E4)*(C$2:C$10>800)) |

	A	B	C	D	E	F
1	部门	姓名	奖金			
2	销售部	邓毅成	1200			
3	企划部	许德婆	600		部门	奖金大于800的人数
4	销售部	陈洁瑜	1520		销售部	3
5	企划部	林伟华	1200		企划部	2
6	研发部	黄觉娇	600		研发部	0
7	企划部	韩薇	200			
8	研发部	胡家兴	600			
9	销售部	钟琛	1600			
10	企划部	陈少君	1000			

图4-16

54

例 **59** 统计出指定部门获得奖金的人数（去除空值）

本例中统计了各个部门每位员工获得奖金的记录（包含空值，即没有获得奖金的记录），现在要统计出各个部门获得奖金的人数。

❶ 根据求解目的在数据表中建立求解标识。选中F4单元格，在编辑栏中输入公式：=SUMPRODUCT((A$2:A$14=E4)*(C$2:C$14<>""))。

按回车键，即可统计出"销售部"获得奖金的人数。

❷ 选中F4单元格，向下复制公式，可以快速统计指定部门获得奖金的人数，如图4-17所示。

	A	B	C	D	E	F
1	部门	姓名	奖金			
2	销售部	邓毅成				
3	企划部	许德贤	600		部门	获取奖金的人数
4	销售部	陈洁瑜	1520		销售部	4
5	企划部	林伟华	1200		企划部	2
6	研发部	黄觉晓	600		研发部	3
7	企划部	韩薇				
8	研发部	胡家兴	500			
9	企划部	刘慧贤				
10	研发部	邓敏婕	500			
11	销售部	钟琛	1600			
12	销售部	李知晓	800			
13	研发部	陆穗平				
14	销售部	黄晓俊	2000			

图4-17

例 **60** 统计指定店面指定类别产品的销售金额合计值

本例数据表中统计了不同店面不同类别产品的销售金额，现在要统计出指定店面指定类别产品的合计金额，可以使用SUMPRODUCT函数来设计公式。

选中C13单元格，在编辑栏中输入公式：=SUMPRODUCT((A2:A11=1)*(B2:B11="男式毛衣")*(C2:C11))。

按回车键，即可统计1店面"男式毛衣"销售金额合计值，如图4-18所示。

	A	B	C	D	E
		C13 ▼ fx =SUMPRODUCT((A2:A11=1)*(B2:B11="男式毛衣")*(C2:C11))				
1	店面	品牌	金额		
2	2	男式毛衣	110		
3	1	男式毛衣	456		
4	2	女式针织衫	325		
5	1	男式毛衣	123		
6	3	女式连衣裙	125		
7	1	女式针织衫	1432		
8	3	女式连衣裙	1482		
9	1	女式针织衫	1500		
10	3	男式毛衣	2000		
11	1	女式连衣裙	968		
12					
13	1店面"男式毛衣"		579		

图4-18

例 61 统计非工作日销售金额

本例数据表中按日期显示了销售金额（包括周六、周日），现在要单独计算周六、周日的总销售金额，可以使用SUMPRODUCT函数来设计公式。

选中C15单元格，在编辑栏中输入公式：=SUMPRODUCT((MOD(A2:A13,7)<2)*C2:C13)。

按回车键，即可统计非工作日（即周六、周日）销售金额之和，如图4-19所示。

公式解析

依次判断A2:A13单元格区域中值除以数值"7"的余数是否小于2（星期六对应的序号是7的倍数，星期日对应的序号除以数值"7"的余数为1），将所有满足条件的项对应在C列的数值相加。

56

	A	B	C	D	E
	C15	▼	⚬	*fx*	=SUMPRODUCT((MOD(A2:A13,7)<2)*C2:C13)
	A	B	C	D	E
1	日期	星期	金额		
2	09-6-1	星期一	1190		
3	09-6-2	星期二	680		
4	09-6-4	星期四	582		
5	09-6-5	星期五	878		
6	09-6-6	星期六	201.5		
7	09-6-7	星期日	1432		
8	09-6-8	星期一	1500		
9	09-6-10	星期三	837		
10	09-6-11	星期四	932.5		
11	09-6-12	星期五	100		
12	09-6-13	星期六	800		
13	09-6-14	星期日	3190		
14					
15	周六、日总销售金额		5623.5		

图4-19

例 62 使用INT函数对平均销量取整

INT函数用于将指定数值向下取整为最接近的整数。本例中计算出平均销售数量后，可以利用INT函数来进行取整。

选中B6单元格，在编辑栏中输入公式：=INT(AVERAGE(B2:B5))。

按回车键，即可对计算出的产品平均销售数量进行取整，如图4-20所示。

	A	B	C	D
	B6	▼	*fx*	=INT(AVERAGE(B2:B5))
	A	B	C	D
1	部门	销售数量		
2	市场1部	1500		
3	市场2部	2680		
4	市场3部	3054		
5	市场4部	1881		
6	平均销量	2228		

图4-20

例 63 使用ROUND函数对数据进行四舍五入

本例中要计算出平均工资，并将其四舍五入到角，此时可以使用ROUND函数来实现。

选中B7单元格，在编辑栏中输入公式：=ROUND(AVERAGE(B2:B6),1)。

按回车键，即可对计算出的平均工资进行保留一位小数的四舍五入运算，如图4-21所示。

	B7		*fx*	=ROUND(AVERAGE(B2:B6),1)
	A	B	C	D	E
1	部门	工资总额			
2	财务部	4421.5			
3	销售部	13754.6			
4	企划部	4062			
5	办公室	3701.3			
6	研发部	5001.9			
7	平均工资	6188.3			

图4-21

例 64 使用MOD函数取余数

在计算长途话费时，若以7秒钟为计价单位，可以分别使用INT函数求出每次通话时长的计价数目，使用MOD函数统计出每次通话时长的剩余秒数。

❶ 选中C2单元格，在编辑栏中输入公式：=INT(B2/7)。按回车键，向下复制公式，即可根据B2单元格的秒数求出计价数目（即7的倍数），如图4-22所示。

	C2		*fx*	=INT(B2/7)
	A	B	C	D
1	序号	通话秒数	计价数目	剩余秒数
2	1	550	78	
3	2	256	36	
4	3	1100	157	
5	4	220	31	
6	5	252	36	
7	6	2010	287	

图4-22

❷ 选中D2单元格，在编辑栏中输入公式：=MOD(B2,7)，按回

车键，向下复制公式，即可根据B2单元格的秒数求出计价数目之外的剩余秒数，如图4-23所示。

D2	▼	fx	=MOD(B2, 7)	
	A	B	C	D
1	序号	通话秒数	计价数目	剩余秒数
2	1	550	78	4
3	2	256	36	4
4	3	1100	157	1
5	4	220	31	3
6	5	252	36	0
7	6	2010	287	1

图4-23

例 65 根据上班时间与下班时间计算加班时长

本例表格中记录了每位员工的工作时间（上班时间与下班时间），可以使用MOD函数来计算每位员工的加班时长。

❶ 选中D2单元格，在编辑栏中输入公式：=TEXT(MOD(C2-B2,1), "h小时mm分")。

按回车键，即可得出第一位员工的加班时长，且显示为"*小时*分"的形式。

❷ 选中D2单元格，向下复制公式，可快速得出每位员工的加班时长，如图4-24所示。

D2	▼	fx	=TEXT(MOD(C2-B2, 1), "h小时mm分")	
	A	B	C	D
1	姓名	上班时间	下班时间	加班时长
2	于淼	18:30	22:00	3小时30分
3	杨文芝	16:00	07:00	15小时00分
4	蔡瑞屏	17:40	22:00	4小时20分
5				

图4-24

公式解析

　　MOD函数用于取余数，此处却利用它进行了时间的计算。原因是每个时间也跟日期一样对应了一个序号，MOD(C2-B2,1)，首先是将C2与B2单元格中的时间转化为其对应的序号（如C2单元格中时间对应的序号为0.916666666666667，B2单元格中时间对应序号为0.770833333333333），然后再相减，取其余数，再将余数转化为时间值。

例 66 ABS函数在数据比较中的应用

　　本例表格中统计了两个专柜在上半年的销售金额。现在要比较两个专柜在各个月份的销售额，并相应地加上"多"或"少"字样。

❶ 选中D2单元格，在编辑栏中输入公式：=IF(C2>B2,"多","少")&ABS(C2-B2)。

　　按回车键，即可比较出1月份瑞景专柜相对于百大专柜增加或减少的金额。

❷ 选中D2单元格，向下复制公式，可以快速比较出各个月份瑞景专柜相对于百大专柜多或少的金额如图4-25所示。

D2		f_x =IF(C2>B2,"多","少")&ABS(C2-B2)	
	A	B	C	D
1	月份	百大专柜	瑞景专柜	瑞景专柜比较
2	1月	12300	15565	多3265
3	2月	21755	20292	少1463
4	3月	22148	24345	多2197
5	4月	24458	21400	少3058
6	5月	19560	20956	多1396
7	6月	18465	17890	少575

图4-25

例 67 ABS函数在其他函数中的套用

本例表格中统计了上半年各个月份的主营业务收入。现在要将各个月份的收入与上半年平均收入进行比较，并在前面加上"多"或"少"字样。

❶ 选中C2单元格，在编辑栏中输入公式：=IF(B2>AVERAGE($B$2:$B$7),"多"&ROUND(ABS(B2-AVERAGE($B$2:$B$7)),2),"少"&ROUND(ABS(B2-AVERAGE($B$2:$B$7)),2))。

按回车键，即可得到1月份收入与上半年平均收入相比的多或少的金额。

❷ 选中C2单元格，向下复制公式，可以快速比较出各个月份的收入与上半年平均收入相比多或少的金额，如图4-26所示。

月份	主营业务收入	与平均收入相比
1月	30.21	少13.67
2月	45.22	多1.35
3月	48.34	多4.47
4月	36.42	少7.46
5月	56.5	多12.63
6月	46.56	多2.69

C2 公式栏：=IF(B2>AVERAGE($B$2:$B$7),"多"&ROUND(ABS(B2-AVERAGE($B$2:$B$7)),2),"少"&ROUND(ABS(B2-AVERAGE($B$2:$B$7)),2))

图4-26

公式解析

文中公式使用了IF、ROUND、AVERAGE、ABS几个函数，公式虽然长，但却不难理解。首先比较B2单元格的值是否大于B2:B7单元格区域的平均值，如果是，返回"多"及"&"符号后面公式的计算结果；如果不是，返回"少"及"&"符号后面公式的计算结果。ROUND函数用于将ABS(B2-AVERAGE($B$2:$B$7))的计算结果保留两位小数。

例 68　根据通话总秒数计算总费用

在计算长途话费时，一般以7秒为单位，不足7秒按7秒计算。本例表格中按序号统计了每次通话的秒数和计费单价，现在要计算出每次通话的费用，可以使用CEILING函数。该函数用于将参数Number向上舍入（沿绝对值增大的方向）为最接近的significance的倍数。

❶ 选中D2单元格，在编辑栏中输入公式：=CEILING(B2/7,1)*C2。

按回车键，即可计算出第1次通话费用。

❷ 选中D2单元格，向下拖动进行公式填充，可以快速计算出其他通话时间的通话费用，如图4-27所示。

	A	B	C	D
1	序号	通话秒数	计费单价	通话费用
2	1	550	0.04	3.16
3	2	258	0.04	1.48
4	3	1100	0.04	6.32
5	4	220	0.04	1.28
6	5	252	0.04	1.44
7	6	2010	0.04	11.52

D2　fx　=CEILING(B2/7,1)*C2

图4-27

公式解析

公式"CEILING(B2/7,1)"求出共有多少个计价单位，即B2单元格的秒数是7秒的多少倍，同时余数部分作为1个计价单位。

例 69　解决浮点运算造成ROUND函数计算不准确的问题

在使用ROUND函数保留指定的小数位进行四舍五入时，出现了不能进行自动舍入的问题。如图4-28所示。B列显示的是不使用ROUND函数的结果，C列中显示的是使用ROUND函数保留两位小数的结果，B列中值的第3位小数都为5，而使用ROUND函数保留两位小数时，并未向前进位。

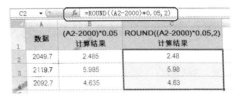

图4-28

这个错误来源于浮点运算的错误，在Excel 2003、Excel 2007中都存在这种状况。

选中C2单元格，在编辑栏中输入公式：

=ROUND((A2-2000)*0.05,2)。

按F9功能键进行计算，A2-2000的结果不是等于49.7，而是：

=ROUND(49.6999999999998*0.05,2)。

所以才会出现如上面所描述的情况。

解决办法通常是再使用一次ROUND()：

选中C2单元格，在编辑栏中输入公式：=ROUND(ROUND((A2-2000),1)*0.05,2)。

按回车键，即可返回正确结果，如图4-29所示。

图4-29

63
随手查

例 70 按条件返回值并保留指定位数

本例中B2与C2单元格显示了两种不同的价格，现在想自动返回价格值，且满足以下条件。

· 当A2单元格中显示"是"时，在A4单元格中返回B2单元格的值，且自动添加两位小数。

· 当A2单元格中显示"否"时，在A4单元格中返回C2单元格的值，且保存两位小数。

要实现上述功能，可以使用INT、ROUND、TEXT几个函数配合来设置公式。

❶ 选中A4单元格，在编辑栏中输入公式：=IF(B2="","",IF(A2="是",IF(INT(B2*100)=B2*100,TEXT(B2,"0.00"),ROUND(B2,2)),IF(INT(C2*100)=C2*100,TEXT(C2,"0.00"),ROUND(C2,2))))。

按回车键，即可根据当前A2单元格的值，返回满足条件的结果，如图4-30所示。

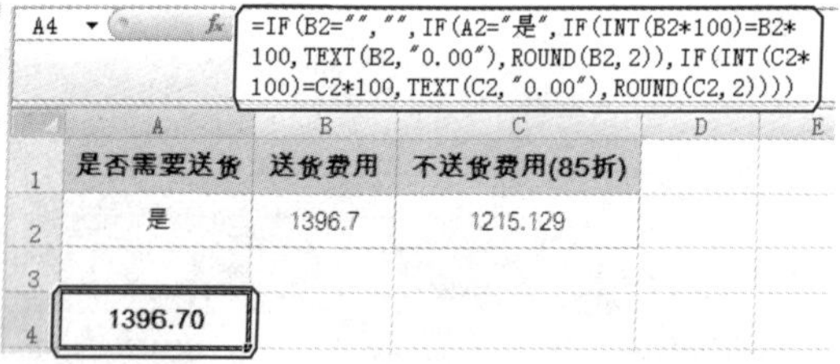

A4	▼	fx	=IF(B2="","",IF(A2="是",IF(INT(B2*100)=B2*100,TEXT(B2,"0.00"),ROUND(B2,2)),IF(INT(C2*100)=C2*100,TEXT(C2,"0.00"),ROUND(C2,2))))		
	A	B	C	D	E
1	是否需要送货	送货费用	不送货费用(85折)		
2	是	1396.7	1215.129		
3					
4	1396.70				

图4-30

❷ 更改A2单元格的值，其返回结果如图4-31所示。

64

图4-31

例71 计算物品的快递费用

本例中物流公司向某一城市的发件费用，首重2公斤为5元，续重每公斤为2元。当前表格中统计了各件物品的重量，现在要根据物品重量快速计算出运费，此时可以使用ROUNDUP函数。该函数用于按照指定的位数对数值进行向上舍入。

❶ 选中C2单元格，在编辑栏中输入公式：=IF(B2<=2,5,5+ROUNDUP(B2-2,)*2)。

按回车键，即可根据B2单元格的重量计算出应收运费。

❷ 选中C2单元格，向下复制公式，即可根据各项物品重量计算出应收运费，如图4-32所示。

序号	物品重量	应收运费
1	5.1	13
2	2.2	7
3	1.7	5
4	10	21
5	1.8	5

`=IF(B2<=2,5,5+ROUNDUP(B2-2,)*2)`

图4-32

例72 将小写金额转换为大写金额

NUMBERSTRING函数用于将小写金额转换为大写金额。

❶ 选中B4单元格，在编辑栏中输入公式：=NUMBERSTRING(LEFT(RIGHT("￥"&$C1/1%,COLUMNS(B:$I))),2)。

按回车键，即可返回C1单元格中金额的第一位数字，如图4-33所示。

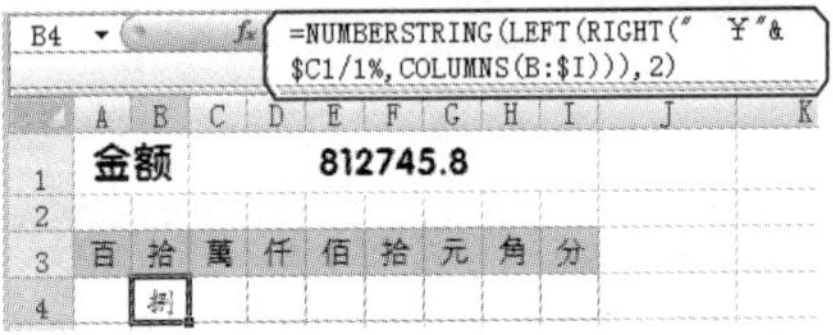

图4-33

❷ 选中B4单元格，向右复制公式到I4单元格中，可快速得出完整显示的金额，如图4-34所示。

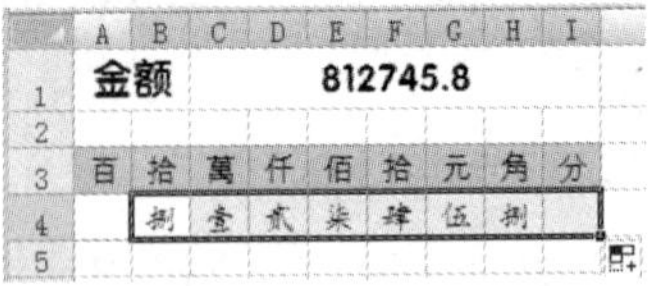

图4-34

例 73 返回一组对象所有可能的组合数目

要返回一组对象所有可能的组合数目，需要使用COMBIN函数。例如有6面红旗和4面黄旗，现在统计从10面旗中取出4面红旗和3面黄旗的组合数目是多少。

选中D2单元格，在编辑栏中输入公式：=COMBIN(A2,4)*COMBIN(B2,3)。

按回车键，即可计算出从10面旗中取出4面红旗和3面黄旗的组合数目为"60"，如图4-35所示。

图4-35

例 74 返回两个数值相除后的整数部分

要返回两个数值相除后的整数部分，需要使用QUOTIENT函数。下面的例子将根据学生的总人数，计算出分成6组和11组时每组的人数。

❶ 选中C2单元格，在编辑栏中输入公式：=QUOTIENT(A2,B2)。

按回车键，即可计算出分成6组时每组为83人。

❷ 选中C2单元格，向下复制公式，即可计算出分成11组时每组为45人，如图4-36所示。

图4-36

例 75 返回大于等于0且小于10的随机数

RAND函数用于返回一个大于等于0且小于10的随机数，每次计算（按F9键）工作表，将返回一个新的数值。例如利用RAND函数自动生成7位彩票开奖号码。

❶ 选中C2单元格，在编辑栏中输入公式：=INT(RAND()* ($B$2-$A$2)+$A$2)。

按回车键，即可随机自动生成1～9的整数作为7位彩票开奖号码的第1位。

❷ 选中C2单元格，向右复制公式到I2单元格，即可随机自动生成第2～7位彩票开奖号码，如图4-37所示。

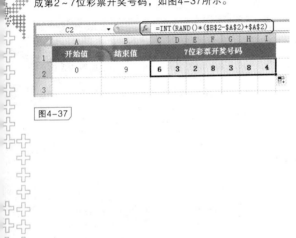

图4-37

| 第 5 章 | 文本函数范例应用技巧

例 76 快速自动生成订单编号

当前工作表中分别显示了每笔订单产生的年、月、日、序号，而最终的订单号须将这几项数据合并得到。此时可以使用CONCATENATE函数来实现快速批量生成订单号。

❶ 在统计订单时，空出一列用于显示订单号。选中E2单元格，在编辑栏中输入公式：=CONCATENATE(A2,B2,C2,D2)。

按回车键，即可合并A2、B2、C2、D2几个单元格的值，生成第一个订单号。

❷ 选中E2单元格，向下复制公式，从而生成所有的订单号，如图5-1所示。

	A	B	C	D	E	F
1	年	月	日	序号	订单号	公司名称
2	09	01	10	01	09011001	飞跃股份
3	09	01	10	02	09011002	张东春
4	09	01	12	03	09011203	智联教育
5	09	01	18	04	09011804	博尔斯（中国）

E2 fx =CONCATENATE(A2,B2,C2,D2)

图5-1

例 77 从E-mail地址中提取账号

E-mail地址中包含用户的账号，但是账号长短不一，单独使用LEFT函数无法提取，此时需要配合FIND函数来实现。

❶ 选中 C2 单元格，在编辑栏中输入公式：=LEFT(B2,FIND("@",B2)-1)。

按回车键，得到第一个E-mail地址中用户的账号，如图5-2所示。

❷ 选中 C2 单元格，向下复制公式，可快速从 B 列 E-mail 地址中提取账号。

	A	B	C
			f_x =LEFT(B2,FIND("@",B2)-1)
1	姓名	E-mail	账号
2	李丽	lili@prtenpro.com.cn	lili
3	周军洋	zhoujunyang@prtenpro.com.cn	zhoujunyang
4	苏田	sutian@prtenpro.com.cn	sutian
5	刘飞虎	liufeihu@prtenpro.com.cn	liufeihu
6	陈义	chenyi@prtenpro.com.cn	chenyi

图5-2

公式解析

使用 "FIND("@",B2)" 返回"@"在B2单元格字符串中的位置，然后再使用LEFT函数从B2单元格中字符串最左边开始取到"@"之前的字符。

例 78　快速比较两个部门的采购价格是否一致

本例数据表中统计了两个部门的采购价格，现在要批量比较两个部门对各产品的采购价格是否一致，且不一致时返回差价。可以使用EXACT函数，该函数用于测试2个字符串是否完全相同。

❶ 选中 C2 单元格，在编辑栏中输入公式：=IF(EXACT (B2,C2)=FALSE,B2-C2,EXACT(B2,C2))。

按回车键，即可比较出B2、C2单元格的值是否相同，如果相同返回TRUE，如果不同返回两个单元格数值的差值。

❷ 选中 D2 单元格，向下复制公式，可以看到采购价格相同的返回 TRUE，采购价格不同的返回差值，如图 5-3 所示。

	D2	▼		fx	=IF(EXACT(B2,C2)=FALSE,B2-C2,EXACT(B2,C2))	
	A	B	C	D	E	F
1	产品名称	采购1部	采购2部	价格是否相同		
2	思得利铜心管	118	118	TRUE		
3	思得利定位铜心管	152	154	-2		
4	思得利双黄管	108	108	TRUE		
5	思得利铜心双黄管	121	121	TRUE		
6	思得利激光杆	318	312	6		
7	思得利激光定位器	358	358	TRUE		

图5-3

例 79 从单元格中提取有用数据并合并起来

CONCATENATE函数具有连接功能、LEFT函数具有提取功能、IF函数具有判断功能，这些函数配合使用可以随意提取有用数据并将其合并起来。数据表A、B、C三列中分别显示了姓名、性别与地址。现在要从中提取所在地、姓名和性别（如果性别为"女"返回"女士"，如果性别为"男"返回"先生"），并将结果显示在D列中。

❶ 选中D2单元格，在编辑栏中输入公式：=CONCATENATE(LEFT(C2,3),A2,"-",IF(B2="男","先生","女士"))。

按回车键，生成第一个收件人的全称。

❷ 选中D2单元格，向下复制公式，可快速生成其他收件人的全称，如图5-4所示。

	D2	▼	fx	=CONCATENATE(LEFT(C2,3),A2,"-",IF(B2="男","先生","女士"))	
	A	B	C	D	
1	姓名	性别	地址	收件人	
2	孙丽莉	女	杭州市 向阳路32号	杭州市孙丽莉-女士	
3	张敏	女	镇江市 春江西路8号	镇江市张敏-女士	
4	何义	男	无锡市 东流路132号	无锡市何义-先生	
5	陈中	男	杭州市 美菱大道7号	杭州市陈中-先生	

图5-4

例 80 检验具有固定长度的字符串输入位数是否正确

LEN函数用于返回字符串的长度，因此当某些字符串具有固定的长度时，可以使用该函数来判断输入的位数是否正确。

❶ 选中C2单元格，在编辑栏中输入公式：=IF(OR(LEN(B2)=15,LEN(B2)=18),"","请检查")。

按回车键，可判断B2单元格中身份证号码位数为15位或18位时，则返回空值。

❷ 选中C2单元格，向下复制公式，可以看到错误位数的单元格，在C列相应位置中显示"请检查"文字，如图5-5所示。

C2	▼	fx	=IF(OR(LEN(B2)=15,LEN(B2)=18),"","请检查")	
	A	B	C	D
1	姓名	身份证号码	位数	
2	孙丽莉	342526198005123844		
3	张敏	34526219780623213	请检查	
4	何义	465423800212441		
5	陈中	48235165120145	请检查	

图5-5

公式解析

OR函数的参数中有一个结果为真时，返回真值，因此"OR(LEN(B2)=15,LEN(B2)=18)"有一个结果为真时，返回结果为空值；否则返回"请检查"文字。

例 81 从身份证号码中提取出生年份

当前数据表的B列中身份证号码有15位的，也有18位的。此时可以配合IF、MID、LEN函数从身份证号码中提取出生年份。

❶ 选中C2单元格，在编辑栏中输入公式：=IF(LEN(B2)=18,MID(B2,7,4),"19"&MID(B2,7,2))。

按回车键，即可根据B2单元格的身份证号码得到其出生年份。

❷ 选中C2单元格，向下复制公式，可快速根据B列中的身份证号码一次性得到各自的出生年份，如图5-6所示。

C2	▼	f_x	=IF(LEN(B2)=18,MID(B2,7,4), "19"&MID(B2,7,2))

	A	B	C
1	姓名	身份证号码	出生年份
2	李丽	342701197809123224	1978
3	周军洋	342701820213857	1982
4	苏田	342701780314952	1978
5	刘飞虎	342801196802282636	1968

图5-6

公式解析

如果B2单元格字符串为18位（LEN(B2)=18），返回B2单元格字符串的第7～10位字符（MID(B2,7,4)），否则返回B2单元格字符串的第7和第8位字符（MID(B2,7,2)），并在前面加上"19"。

例 82 从身份证号码中提取完整的出生年月日

身份证号码中包含持证人的出生年月日信息。通过如下方法多个函数配合设置公式，可以实现从身份证号码中提取持证人完整的出生日期。

❶ 选中C2单元格，在编辑栏中输入公式：=IF(LEN(B2)=15,CONCATENATE("19",MID(B2,7,2),"年",MID(B2,9,2),"月",MID(B2,11,2),"日"),CONCATENATE(MID(B2,7,4),"年",MID(B2,11,2),"月",MID(B2,13,2),"日"))。

按回车键，即可根据B2单元格身份证号码得到完整的出生年月日。

❷ 选中C2单元格，向下复制公式，可快速根据B列中身份证号码一次性得到各自的出生年月日，如图5-7所示。

C2	▼	=IF(LEN(B2)=15,CONCATENATE("19",MID(B2,7,2),"年",MID(B2,9,2),"月",MID(B2,11,2),"日"),CONCATENATE(MID(B2,7,4),"年",MID(B2,11,2),"月",MID(B2,13,2),"			

	A	B	C	D	E
1	姓名	身份证号码	出生年份		
2	李丽	342701197809123224	1978年09月12日		
3	周军泽	342701820213857	1982年02月13日		
4	苏田	342701780314952	1978年03月14日		
5	刘飞虎	342801196802282636	1968年02月28日		

图5-7

▰▰▰ 公式解析

❶ "(LEN(B2)=15)",判断身份证号码是否为15位。如果判断为"真"（TRUE），执行公式前半部分，即"CONCATENATE("19",MID(B2,7,2),"年",MID(B2,9,2),"月",MID(B2,11,2),"日")";反之,执行后半部分。

❷ "CONCATENATE("19",MID(B2,7,2),"年",MID(B2,9,2),"月",MID(B2,11,2),"日")",对"19"和从15位身份证号码中提取的"年份"、"月"、"日"进行合并。因为15位身份证号码中出生年份不包含"19",所以使用CONCATENATE函数将"19"与函数求得的值合并。

❸ "CONCATENATE(MID(B2,7,4),"年",MID(B2,11,2),"月",MID(B2,13,2),"日"))",对从18位身份证号码中提取的"年份"、"月"、"日"进行合并。

例 83 从身份证号码中判断性别

身份证号码中也包含持证人的性别信息，要想得出，需要IF、LEN、MOD、MID几个函数配合使用来实现。

❶ 选中C2单元格，在编辑栏中输入公式：=IF(LEN(B2)=15,IF(ISEVEN(RIGHT(B2,1)),"女","男"),IF(MOD(MID(B2,17,1),2)=1,"男","女"))。

按回车键，即可根据B2单元格身份证号码得到其性别。

❷ 选中C2单元格，向下复制公式，可快速根据B列中身份证号码**一次性得到各自的性别**，如图5-8所示。

C2	▼	=IF(LEN(B2)=15,IF(ISEVEN(RIGHT(B2,1)), "女","男"),IF(MOD(MID(B2,17,1),2)=1,"男 ","女"))

	A	B	C	D	E
1	姓名	身份证号码	性别		
2	李丽	342701780912324	女		
3	周军洋	342701820213857	男		
4	苏田	342701780314952	女		
5	刘飞虎	342801680228263	男		

图5-8

公式解析

❶ "LEN(B2)=15",判断身份证号码是否为15位。如果是,执行"IF(MOD(MID(B2,15,1),2)=1,"男","女")";反之,执行"IF(MOD(MID(B2,17,1),2)=1,"男","女")"。

❷ "MOD(MID(B2,15,1),2)=1",判断15位身份证号码的最后一位是否能被2除尽,即判断其是奇数还是偶数;"MOD(MID(B2,17,1),2)=1,",判断18位身份证号码的倒数第二位是否能被2整除,即判断其是奇数还是偶数。

❸ "IF(MOD(MID(B2,15,1),2)=1,"男","女")",如果"MOD(MID(B2,15,1),2)=1"成立,返回"男";反之,返回"女"。"IF(MOD(MID(B2,17,1),2)=1,"男","女")",如果"MOD(MID(B2,17,1),2)=1"成立,返回"男";反之,返回"女"。

例 84 利用REPT函数一次性输入多个相同符号

REPT函数用于按照给定的次数重复显示文本。例如使用REPT函数为考评结果标明等级。

❶ 选中C2单元格,在编辑栏中输入公式:=IF(B2<5,REPT("★",3),IF(B2<10,REPT("★",5),REPT("★",8)))。

按回车键,即可根据B2单元格中的分数,自动返回指定数目的"★"号。

❷ 选中C2单元格,向下复制公式,即可根据B列中的销售额自动

返回指定数目的"★"号，如图5-9所示。

	A	B	C
	f_x	=IF(B2<5,REPT("★",3),IF(B2<10, REPT("★",5),REPT("★",8)))	
1	企业名称	分数	等级
2	业业	8	★★★★★
3	鹏辉	4	★★★
4	永一	15	★★★★★★★★
5	金星	12	★★★★★★★★

图5-9

例 85　将手机号码的后4位替换为特定符号

企业在举行一些抽奖活动时会屏蔽中奖号码的后几位数，此时可以使用REPLACE函数实现该效果。

❶ 选中C2单元格，在编辑栏中输入公式：=REPLACE (B2,8,4, "****")。

按回车键，得到第一个屏蔽后的手机号码。

❷ 选中C2单元格，向下复制公式，可快速得到多个屏蔽后的手机号码，如图5-10所示。

	A	B	C	D
	C2	f_x	=REPLACE(B2,8,4,"****")	
1	姓名	手机号码	屏蔽号码	
2	李丽	13965214566	1396521****	
3	周军洋	13825332121	1382533****	
4	苏田	13905521333	1390552****	
5	刘飞虎	13565210200	1356521****	

图5-10

例 86　将8位电话号码的区号与号码分开

当前数据表的A列中，电话号码的位数都为8位（区号为3位或4位），可以使用LEN、LEFT几个函数配合以实现将区号与号码分开显示。

❶ 选中B2单元格，在编辑栏中输入公式：=IF(LEN(A2)=12,LEFT(A2,3),LEFT(A2,4))。

按回车键，即可判断A2单元格中电话号码位数是几位。如果是12位（包含1个连接符），则提取前3位字符作为区号；如果是13位，则提取前4位作为区号，如图5-11所示。

B2 =IF(LEN(A2)=12,LEFT(A2,3),LEFT(A2,4))

	A	B	C	D
1	电话号码	区号	号码	
2	0510-63521234	0510		
3	010-36924488	010		
4	022-23635212	022		
5	0571-63524421	0571		
6	0574-23654136	0574		

图5-11

❷ 选中C2单元格，在编辑栏中输入公式：=RIGHT(A2,8)。

按回车键，即可提取A2单元格右起的8个字符，即号码，如图5-12所示。

C2 =RIGHT(A2,8)

	A	B	C
1	电话号码	区号	号码
2	0510-63521234	0510	63521234
3	010-36924488	010	36924488
4	022-23635212	022	23635212
5	0571-63524421	0571	63524421
6	0574-23654136	0574	23654136

图5-12

例87 分离混合显示的7位和8位电话号码的区号与号码

当前数据表的A列中电话号码的位数有7位也有8位（区号为3位或4位），现在想分离出区号与号码，其公式设置如下。

❶ 选中B2单元格，在编辑栏中输入公式：=MID(A2,1,FIND("-",A2)-1)。

按回车键，向下复制B2单元格的公式，即可一次性从A列电话号码中提取区号，如图5-13所示。

B2 =MID(A2,1,FIND("-",A2)-1)

	A	B	C
1	电话号码	区号	号码
2	0551-6521234	0551	
3	010-36924488	010	
4	0552-2363521	0552	
5	0571-63524421	0571	
6	0574-23654136	0574	

图5-13

❷ 选中C2单元格，在编辑栏中输入公式：=RIGHT(A2,LEN(A2)-FIND("-",A2))。

按回车键，向下复制C2单元格的公式，即可一次性从A列电话号码中提取号码，如图5-14所示。

C2 =RIGHT(A2,LEN(A2)-FIND("-",A2))

	A	B	C	D
1	电话号码	区号	号码	
2	0551-6521234	0551	6521234	
3	010-36924488	010	36924488	
4	0552-2363521	0552	2363521	
5	0571-63524421	0571	63524421	
6	0574-23654136	0574	23654136	

图5-14

例88 去掉文本中的所有空格

本例工作表中B列文本在输入时出现了多个空格，正确的输入应该是不包含空格的。这时可以使用SUBSTITUTE函数一次性去掉文本中所有的空格。

❶ 选中C2单元格，在编辑栏中输入公式：=SUBSTITUTE(B2," ","")。

按回车键，即可将B2单元格内编码中的所有空格都删除。

❷ 选中C2单元格，向下复制公式，即可快速将B列编码中的空格都删除，如图5-15所示。

	C2	▼	f_x =SUBSTITUTE(B2," ","")	
	A	B	C	
1	类别编码	编码	检测编码	
2	AAMC	AA MC305 5238	AAMC3055238	
3	AAMC	AAMC4002085	AAMC4002085	
4	AAMD	AAMD 3029047	AAMD3029047	
5	AAMD	AAMD4 085623	AAMD4085623	
6	AAMD	AAMD50 15074	AAMD5015074	
7	AAME	AAME3083417	AAME3083417	

图5-15

例 89 将字符串中数据信息建立为规则的数据表

本例工作表第1、2、3行中各显示了一段字符串，其中包含一些有用数据，此时可以利用SEARCH函数，再配合MID、LEN函数来建立一个数据表，分别显示出各个城市的电信业务量、户籍人口、进出口总量。

❶ 建立如图5-16所示的表格框架，选中B6单元格，在编辑栏中输入公式：

=MID($A1,SEARCH(B$5,$A1)+LEN(B$5),SEARCH(RIGHT($A6,1),$A1,SEARCH(B$5,$A1))−SEARCH(B$5,$A1)−LEN(B$5))。

按回车键，可以从A1单元格中提取"成都"电信业务量的数据。

	B6	▼	f_x =MID($A1,SEARCH(B$5,$A1)+LEN(B$5),SEARCH(RIGHT($A6,1),$A1, SEARCH(B$5,$A1))−SEARCH(B$5,$A1)−LEN(B$5))						
	A	B	C	D	E	F	G	H	I
1	电信业务量:北京5555亿,上海8231亿,成都2025亿,天津3885亿,哈尔滨852亿,乌鲁木齐456亿								
2	户籍人口:上海1563万,北京1250万,成都585万,天津521万,哈尔滨401万,乌鲁木齐225万								
3	进出口总量:北京3654亿,上海3042亿,成都1583亿,天津1402亿,哈尔滨832亿,乌鲁木齐120亿								
5	类别	成都	乌鲁木齐	天津	北京	上海	哈尔滨		
6	1.电信业务量,亿	2025							
7	2.户籍人口,万								
8	3.进出口总量,亿								

图5-16

❷ 选中B6单元格，向右拖动到G6单元格中，返回其他城市的电信业务量数据，如图5-17所示。

	A	B	C	D	E	F	G	H	I
1	电信业务量:北京5555亿,上海8231亿,成都2025亿,天津3695亿,哈尔滨952亿,乌鲁木齐455亿								
2	户籍人口:上海1583万,北京1250万,成都585万,天津521万,哈尔滨401万,乌鲁木齐225万								
3	进出口总量:北京3854亿,上海3042亿,成都1583亿,天津1402亿,哈尔滨632亿,乌鲁木齐120亿								
4									
5	类别	成都	乌鲁木齐	天津	北京	上海	哈尔滨		
6	1.电信业务量,亿	2025	455	3695	5555	8231	952		
7	2.户籍人口,万								
8	3.进出口总量,亿								

图5-17

❸ 选中B6:G6单元格区域，将光标定位到右下角，出现黑色十字形时向下拖动复制公式，可以得到各个城市的户籍人口与进出口总量，如图5-18所示。

	A	B	C	D	E	F	G	H	I
1	电信业务量:北京5555亿,上海8231亿,成都2025亿,天津3695亿,哈尔滨952亿,乌鲁木齐455亿								
2	户籍人口:上海1583万,北京1250万,成都585万,天津521万,哈尔滨401万,乌鲁木齐225万								
3	进出口总量:北京3854亿,上海3042亿,成都1583亿,天津1402亿,哈尔滨632亿,乌鲁木齐120亿								
4									
5	类别	成都	乌鲁木齐	天津	北京	上海	哈尔滨		
6	1.电信业务量,亿	2025	455	3695	5555	8231	952		
7	2.户籍人口,万	585	225	521	1250	1583	401		
8	3.进出口总量,亿	1583	120	1402	3854	3042	632		

图5-18

提示

本例中在设置完成B6单元格的公式后，首先向右复制，然后又向下复制，因此在设置公式时一定要注意对单元格的引用。这是一个最能说明单元格相对引用与绝对引用的例子，在复制公式时，当只需要改变列引用时，行引用前需要加上"$"标记；同理，当只需要改变行引用时，列引用前需要加上"$"标记。总之，无论采用哪种引用方式，最终目的都是为了便于公式的复制，从而一次性批量返回结果。

例 90 从编码中提取合同号

本例工作表A列中的编码包含合同号，合同号以A开头，长度不相等，此时想从编码中提取合同号，可以配合使用RIGHT、LEN、SEARCH几个函数来设置公式。

❶ 选中B2单元格，在编辑栏中输入公式：=RIGHT(A2,LEN(A2)-SEARCH("A",A2,8)+1)。

按回车键，可以提取A2单元格内编码中的合同号。

❷ 选中B2单元格，向下复制公式，可以快速从其他编码中提取合同号，且合同号位数不同时也能准确提取，如图5-19所示。

B2 fx =RIGHT(A2,LEN(A2)-SEARCH("A",A2,8)+1)

	A	B	C
1	编码	合同号	
2	AIR***客户A001	A001	
3	AIR***客户A002	A002	
4	PAR***客户A0621	A0621	
5	TQR***客户A06	A06	

图5-19

例91 嵌套使用SUBSTITUTE函数返回有用信息

本例要实现对A列中的公司名称进行替换，并让替换后的结果满足要求如下：

· 公司名称中以“天津”、“天津市”开头的，省略掉前面内容，其他开头的则保留。

· 不论前面如何开头，只要最后以“有限公司”结尾的，将“有限公司”替换成“(有)”。

❶ 选中B2单元格，在编辑栏中输入公式：=SUBSTITUTE(SUBSTITUTE(SUBSTITUTE(A2,"天津市",""),"天津",""),"有限公司","(有)")。

按回车键，根据设定的条件返回替换后的名称。

❷ 选中B2单元格，向下复制公式，即可快速根据A列显示的公司名称，返回替换后的名称，如图5-20所示。

图5-20

公式解析

该公式的原理就是反复使用SUBSTITUTE函数进行替换。首先判断A2单元格是否含有"天津市",如果有,将其替换为空白;如果没有,就判断其是否含有"天津",如果有,将其替换为空白。然后将前面返回的结果中的"有限公司"替换为"(有)"。

例 92 计算各项课程的实际参加人数

本例数据表的B列中统计了参加各项课程的人员的姓名,且用逗号分隔开,现在要统计出各项课程的参加人数。

❶ 选中D2单元格,在编辑栏中输入公式:=LEN(B2)-LEN(SUBSTITUTE(B2,",",""))+1。

按回车键,即可统计出B2单元格中人员的数量。

❷ 选中D2单元格,向下复制公式,可快速统计出B列中人员的数量,如图5-21所示。

	A	B	C	D
1	课程	人员	预订人数	实际人数
2	传统瑜珈	周丽,廖菲,朱旭,胡溪,钟获,严志敏,胡瑞,刘智智	8	8
3	静园瑜珈	朱静,方嘉欣,徐紫沁,曾斯斯,张兰	6	5
4	动感单车	曾洁,周正娴,蒋梦莹,柯丽	5	4

图5-21

公式解析

❶ LEN(SUBSTITUTE(B2,"，"," ")), 表示首先使用"SUBSTITUTE(B2,"，"," ")"将B2单元格中的"，"替换为空格，然后使用LEN函数统计出去除"，"后，B2单元格字符的长度。

❷ 用"LEN(B2)"返回的值减去第一步中得出的结果，即求出B2单元格文本中"，"的个数。

❸ 用第二步求解结果加1，即求出实际参加人数。

例93 解决因四舍五入而造成的显示误差问题

财务人员在进行数据计算时，小金额的误差也是不允许的。为了避免因数据的四舍五入而造成金额误差，可以使用FIXED函数。如图5-22所示，显示金额与公式计算结果出现误差，其解决方法如下。

D2 fx =B2+C2

	A	B	C	D
1	序号	收入1	收入2	收入
2	1	1068.48	1598.46	2666.95
3	2			

图5-22

选中D2单元格，在编辑栏中输入公式：=FIXED(B2,2)+FIXED(C2,2)。

按回车键，得到与显示相一致的计算结果，如图5-23所示。

D2 fx =FIXED(B2,2)+FIXED(C2,2)

	A	B	C	D
1	序号	收入1	收入2	收入
2	1	1068.48	1598.46	2666.94
3	2			

图5-23

第 6 章 | 统计函数范例应用技巧

6.1 平均值函数范例

例 94 求平均值时忽略计算区域中的0值

当需要求平均值的单元格区域中包含0值时，它们也将参与求平均值的运算。如果想排除运算区域中的0值，可以按如下方法设置公式。

选中B9单元格，在编辑栏中输入公式：=AVERAGE(IF(B2:B7<>0,B2:B7))。

同时按"Ctrl+Shift+Enter"组合键，即可忽略0值求平均值，如图6-1所示。

B9	▼	ƒ	{=AVERAGE(IF(B2:B7<>0,B2:B7))}		
	A	B	C	D	E
1	姓名	分数			
2	刘慧贤	0			
3	邓敏娜	550			
4	钟蓉	485			
5	李知晓	452			
6	陆穗平	0			
7	陈少君	510			
8					
9	平均分数	499.25			

图6-1

例 95 按指定条件求平均值

本例中统计了各个部门员工所获取的奖金金额，现在想计算出各个部门的平均奖金，可以使用AVERAGE函数按如下方法来设置求解公式。

❶ 选中F5单元格，在编辑栏中输入公式：=AVERAGE(IF($A$2:$A$11=E5,$C$2:$C$11))。

同时按下"Ctrl+Shift+Enter"组合键，即可计算出"销售部"的平均奖金。

❷ 选中F5单元格，将公式向下填充到F7单元格，即可分别求出

其他部门的平均奖金，如图6-2所示。

	A	B	C	D	E	F
F5	fx {=AVERAGE(IF($A$2:$A$11=E5,$C$2:$C$11))}					
1	部门	姓名	奖金			
2	销售部	邓毅成	1200			
3	企划部	许德贤	800			
4	销售部	陈洁瑜	1520		部门	平均奖金
5	企划部	林伟华	1200		销售部	1740
6	研发部	黄觉晓	600		企划部	600
7	企划部	韩薇	200		研发部	550
8	研发部	胡家兴	500			
9	企划部	刘慧贤	400			
10	研发部	邓敏嬅	550			
11	销售部	黄晓俊	2500			

图6-2

例 96 对同时满足多个条件的数据求平均值

本例表格中统计了各个班级中各学生的分数（其中包含0值）。现在利用AVERAGE函数统计出每个班级中不包含0值的平均分数。

在工作表中输入数据并建立好求解标识。选中E4单元格，在编辑栏中输入公式：=AVERAGE(IF(($A$2:$A$11=1)*(C2:C$11<>0),C$2:C$11))。

同时按下"Ctrl+Shift+Enter"组合键，即可计算出"1"班不包含0值的平均分数，如图6-3所示。

	A	B	C	D	E
E4	fx {=AVERAGE(IF(($A$2:$A$11=1)*(C$2:C$11<>0),C$2:C$11))}				
1	班级	姓名	分数		
2	1	郑燕嬅	543		
3	2	钟月珍	600		1班平均分数
4	1	谭林	0		467.75
5	1	农秀色	453		
6	2	于淼	600		
7	1	杨文芝	465		
8	1	蔡瑞屏	500		
9	1	明雪花	0		
10	2	黄永明	515		
11	1	廖春	410		

图6-3

例 97 统计指定月份的平均销售金额

本例表格中统计了几位销售人员在上半年各月中的销售金额。现在想统计出每位销售人员2、4、6月的平均销售金额（隔行求平均值），可以按如下方法来设计公式。

❶ 选中H2单元格，在公式编辑栏中输入公式：=AVERAGE(IF(MOD(COLUMN($A2:$G2),2)=0,$B2:$G2))。

同时按下 "Ctrl+Shift+Enter" 组合键，即可对C2、E2、G2单元格中的值求平均值。

❷ 选中H2单元格，向下复制公式，可以分别对其他销售员的C列、E列、G列中的值求平均值，如图6-4所示。

H2	▼	fx	{=AVERAGE(IF(MOD(COLUMN($A2:$G2),2)=0,$B2:$G2))}					
	A	B	C	D	E	F	G	H
1	姓名	1月	2月	3月	4月	5月	6月	2\4\6月平均金额
2	于淼	25.2	18.8	26.7	20.23	22.45	19.5	19.51
3	杨文芝	22.55	19.25	24.4	18.25	24.1	19.5	19
4	蔡瑞厚	25.2	20.25	18.8	19.58	22.2	22.24	20.69

图6-4

公式解析

COLUMN函数用于返回给定单元格的列序号，比如A2单元格的列序号为1，C2单元格的列序号为3，依次类推。因此公式"IF(MOD(COLUMN($A2:$G2),2)=0"表示在A～G列，对2的倍数列求平均值。

例 98 求包含文本值的平均值

使用AVERAGE函数求平均值，其参数必须为数字，它忽略文本和逻辑值。如果想求包含文本值的平均值，需要使用AVERAGEA函数。

88

❶ 选中E2单元格，在编辑栏中输入公式：=AVERAGEA(B2:D2)。

按回车键，计出1月份平均销售额。

❷ 选中E2单元格，向下复制公式，可以看到当每个单元格中都包含数字时，使用AVERAGEA函数与使用AVERAGE函数计算结果相同。当单元格中包含文本型数据时，AVERAGEA函数包含了对文本值求平均值，如图6-5所示3月份销量。

E2	▾	fx	=AVERAGEA(B2:D2)	
	A	B	C	D	E
1	月份	1部	2部	3部	平均销售额
2	1	25.2	18.8	26.7	23.57
3	2	19.5	18.1	24.4	20.67
4	3	调整中	20.2	18.8	13.00

图6-5

例 99 求指定班级的平均成绩

本例中统计了各个班级学生成绩，现在要统计出指定班级的平均成绩，使用AVERAGEIF函数可以轻松实现。该函数返回某个区域内满足给定条件的所有单元格的平均值。

❶ 选中F4单元格，在编辑栏中输入公式：=AVERAGEIF($A$2:$A$10,E4,$C$2:$C$10)。

按回车键，即可计算出班级为"1"的平均成绩。

❷ 选中F4单元格，向下复制公式到F5单元格，即可计算出班级为"2"的平均成绩，如图6-6所示。

例 100 在AVERAGEIF函数中使用通配符

本例可以帮助读者学习如何使用通配符来设置AVERAGEIF函数的参数。

F4	▼		*fx*	=AVERAGEIF($A$2:$A$10,E4,$C$2:$C$10)		
	A	B	C	D	E	F	G
1	班级	姓名	成绩			
2	1	宋燕玲	615			
3	2	郑芸	494		班级	平均分
4	1	黄嘉俐	536		1	581.6
5	2	区菲娅	564		2	551.5
6	1	江小丽	509			
7	1	麦子聪	550			
8	2	叶雯静	523			
9	2	钟琛	625			
10	1	陆穗平	598			

图6-6

❶ 在工作表中输入数据并建立好求解标识。选中B9单元格，在编辑栏中输入公式：=AVERAGEIF(A2:A7,"=*西部",B2:B7)。

按回车键，即可计算出"地区"为"西部"或"中西部"的利润平均值，如图6-7所示。

B9	▼	*fx*	=AVERAGEIF(A2:A7,"=*西部",B2:B7)	
	A	B	C
1	地区	利润(万元)	
2	东部(新售点)	150	
3	南部	98.2	
4	西部	112	
5	北部	108	
6	中西部	163.5	
7	中南部(新售点)	77	
8			
9	西部地区平均利润	137.75	
10	新售点以外地区平均利润		

图6-7

❷ 选中B10单元格，在编辑栏中输入公式：=AVERAGEIF(A2:A7,"<>*(新售点)",B2:B7)。

按回车键，即可计算出"地区"列中不包含文字"新售点"的记录的对应利润的平均值，如图6-8所示。

B10 ▾	f_x	=AVERAGEIF(A2:A7,"<>*(新售点)",B2:B7)	
	A	B	C
1	地区	利润(万元)	
2	东部(新售点)	150	
3	南部	98.2	
4	西部	112	
5	北部	108	
6	中西部	163.5	
7	中南部(新售点)	77	
8			
9	西部地区平均利润	137.75	
10	新售点以外地区平均利润	120.425	

图6-8

例 101 计算出满足多重条件的数据的平均值

本例中显示了电阻的有效范围以及多次测试结果。现在要排除无效测试结果并计算平均电阻,可以使用AVERAGEIFS函数来设置求解公式。该函数返回满足多重条件的所有单元格的平均值。

选中B13单元格,在编辑栏中输入公式:=AVERAGEIFS(B4:B11,B4:B11,">=1.8",B4:B11,"<=3.1")。

按回车键,即可排除无效测试结果(不在标注电阻范围内的)来计算平均电阻,如图6-9所示。

B13 ▾	f_x	=AVERAGEIFS(B4:B11,B4:B11, ">=1.8",B4:B11,"<=3.1")		
	A	B	C	D
1	电阻范围	1.8~3.1		
2				
3	次数	测试结果		
4	1	1.58		
5	2	1.95		
6	3	2.05		
7	4	1.67		
8	5	3.28		
9	6	3.02		
10	7	3.1		
11	8	3.42		
12				
13	平均电阻	2.53		

图6-9

例 **102** 求指定班级的平均分且忽略0值

本例中统计了各个班级学生成绩（其中包含0值），现在要计算指定班级的平均成绩且忽略0值，可以使用AVERAGEIFS函数来设置公式。

❶ 选中F4单元格，在编辑栏中输入公式：=AVERAGEIFS($C$2:$C$11,$A$2:$A$11,E4,$C$2:$C$11,"<>0")。

按回车键，即可计算出班级为"1"的平均成绩且忽略0值。

❷ 选中F4单元格，向下复制公式到F5单元格，即可计算出班级为"2"的平均成绩，如图6-10所示。

F4	▼	f_x	=AVERAGEIFS($C$2:$C$11,$A$2:$A$11,E4,$C$2:$C$11,"<>0")			
	A	B	C	D	E	F	G
1	班级	姓名	成绩			
2	1	宋燕玲	0			
3	2	郑芸	494		班级	平均分
4	1	黄嘉俐	536		1	548.25
5	1	区菲娅	564		2	540
6	1	江小丽	509			
7	1	麦子聪	550			
8	2	叶雯静	523			
9	2	钟琛	0			
10	1	陆穗平	598			
11	2	李玉琢	579			

图6-10

例 **103** 在AVERAGEIFS函数中使用通配符

AVERAGEIFS函数可以使用通配符来设置参数。

在工作表中输入数据并建立好求解标识。选中B9单元格，在编辑栏中输入公式：=AVERAGEIFS(B2:B7,A2:A7,"<>*西部",A2:A7,"<>*(新售点)")。

按回车键，即可去除西部地区与新售点地区，计算出其他地区的利润平均值，如图6-11所示。

B9	▼	fx	=AVERAGEIFS(B2:B7,A2:A7,"<>*西部", A2:A7,"<>*(新售点)")

	A	B	C
1	地区	利润(万元)	
2	东部(新售点)	150	
3	南部	98.2	
4	西部	112	
5	北部	108	
6	中西部	163.5	
7	中南部(新售点)	77	
8			
9	平均利润(去除西部地区与新售点地区)	103.1	

图6-11

例 104 通过10位评委打分计算出选手的最后得分

在技能比赛中，10位评委分别为进入决赛的3名选手打分，计算出选手的最后得分。

❶ 选中B13单元格，在编辑栏中输入公式：=TRIMMEAN(B2:B11,0.2)。

按回车键，即可计算出选手"彭国华"的最后技能得分为"9.20"分。

❷ 选中B13单元格，向右复制公式，即可计算出其他2名选手的最后得分，如图6-12所示。

B13	▼	fx	=TRIMMEAN(B2:B11,0.2)	

	A	B	C	D
1		彭国华	赵青军	孙丽萍
2	评委1	9.65	8.95	9.35
3	评委2	9.10	8.78	9.25
4	评委3	10.00	8.35	9.47
5	评委4	8.35	8.95	9.04
6	评委5	8.95	9.15	8.71
7	评委6	8.78	9.35	8.85
8	评委7	9.25	9.65	8.75
9	评委8	9.45	8.93	8.95
10	评委9	9.15	8.15	9.05
11	评委10	9.25	8.35	9.15
12				
13	最后得分	9.20	8.85	9.05

图6-12

例 **105** 计算出上半年销售量的几何平均值

在上半年产品销售数量统计报表中，根据上半年各月的销售值返回上半年销售量几何平均值。

选中B9单元格，在编辑栏中输入公式：=GEOMEAN(B2:B7)。

按回车键，即可看到上半年销售量几何平均值为"13439.28331"，如图6-13所示。

	A	B	C
B9		=GEOMEAN(B2:B7)	
1	月份	销售量（件）	
2	1	13176	
3	2	13287	
4	3	13366	
5	4	13517	
6	5	13600	
7	6	13697	
8			
9	上半年销售量几何平均值	13439.28331	

图6-13

6.2 条目统计函数范例

例 **106** 统计销售记录条数

本例中对销售情况进行了统计，现在需要统计出销售记录条数，可以使用COUNT函数（为方便显示，只列举有限条数的记录）。

选中E6单元格，在编辑栏中输入公式：=COUNT(C:C)。

按回车键，即可统计出销售记录的条数，如图6-14所示。

E6	▼	f_x =COUNT(C:C)			
	A	B	C	D	E
1	日期	类别	金额		
2	09-6-1	男式毛衣	110		
3	09-6-3	男式毛衣	456		
4	09-6-7	女式针织衫	325		
5	09-6-8	男式毛衣	123		销售记录条数
6	09-6-9	女式连衣裙	125		10
7	09-6-13	女式针织衫	1432		
8	09-6-14	女式连衣裙	1482		
9	09-6-16	女式针织衫	1500		
10	09-6-17	男式毛衣	2000		
11	09-6-24	女式连衣裙	968		

图6-14

例 107 使用COUNT函数按条件统计

使用COUNT函数可以按条件统计，但要使用数组参数才能完成。如本例中统计了产品的销售记录，现在要统计出各类产品的销售记录条数。

❶ 在工作表中输入数据并建立好求解标识。选中F5单元格，在公式编辑栏中输入公式：=COUNT(IF($B$2:$B$11=E5,$C$2:$C$11))。

同时按下"Ctrl+Shift+Enter"组合键，即可计算出"男式毛衣"的销售记录条数。

❷ 选中F5单元格，向下复制公式，即可计算出其他产品的销售记录条数，如图6-15所示。

F5	▼	f_x {=COUNT(IF($B$2:$B$11=E5,$C$2:$C$11))}				
	A	B	C	D	E	F
1	日期	类别	金额			
2	09-6-1	男式毛衣	110			
3	09-6-3	男式毛衣	456			
4	09-6-7	女式针织衫	325		类别	记录条数
5	09-6-8	男式毛衣	123		男式毛衣	4
6	09-6-9	女式连衣裙	125		女式针织	3
7	09-6-13	女式针织衫	1432		女式连衣裙	3
8	09-6-14	女式连衣裙	1482			
9	09-6-16	女式针织衫	1500			
10	09-6-17	男式毛衣	2000			
11	09-6-24	女式连衣裙	968			

图6-15

随身查

例 108 统计包含文本值的单元格数

COUNT函数仅返回包含数字的单元格数或参数个数，不将文本和逻辑值计算在内。如果想求包含文本值的个数，需要使用COUNTA函数。如本例中统计了各个单位参加会议的人员名单，由于单元格中显示的是文本数据，因此需要使用COUNTA函数。

选中C1单元格，在编辑栏中输入公式：="共计"&COUNTA(A3:C11)&"人"。

按回车键，即可统计A3:C11单元格区域中包含文本值的单元格数目，即参加会议的人数，如图6-16所示。

C1		=“共计”&COUNTA(A3:C11)&“人”	
	A	B	C	D
1	**与会人名单**		共计15人	
2	凌志公司	智通科技	科威科技	
3	宋惠玲	江小丽	韩蕾	
4	郑苹	麦子聪	胡家兴	
5	黄嘉俐	叶夏静	刘慧贤	
6	区菲娅		邓敏婕	
7	叶夏静		钟瑛	
8			陆穗平	
9			黄晓俊	
10				
11				

图6-16

例 109 统计空白单元格的数目

本例中统计了某次会议签到表，可以使用COUNTBLANK函数来计算空白单元格的个数，从而统计出缺席人数。

❶ 选中E5单元格，在编辑栏中输入公式：=COUNTA(A3:A14)。

按回车键，统计出应该参加本次会议的总人数，如图6-17所示。

E5	▼		fx	=COUNTA(A3:A14)
	A	B	C	D	E

与会人名单

	姓名	是否参会			
3	宋燕玲	√			
4	郑芸				
5	黄嘉俐	√		应到人数	12
6	区菲娅	√		缺席人数	
7	叶雯静				
8	韩蕊	√			
9	胡家兴	√			
10	刘慧贤	√			
11	邓敏嫦	√			
12	钟琛				
13	陆穗平	√			
14	黄晓俊				

图6-17

❷ 选中E6单元格，在编辑栏中输入公式：=COUNTBLANK(B3:B14)。

按回车键，统计出本次会议的缺席人数，如图6-18所示。

E6	▼		fx	=COUNTBLANK(B3:B14)
	A	B	C	D	E

与会人名单

	姓名	是否参会			
3	宋燕玲	√			
4	郑芸				
5	黄嘉俐	√		应到人数	12
6	区菲娅	√		缺席人数	4
7	叶雯静				
8	韩蕊	√			
9	胡家兴	√			
10	刘慧贤	√			
11	邓敏嫦	√			
12	钟琛				
13	陆穗平	√			
14	黄晓俊				

图6-18

例 110 统计出各类产品的销售记录条数

本例中统计了产品的销售记录，现在要统计出各类产品的销售记录条数，可使用COUNTIF函数快速求取。

❶ 选中F5单元格，在编辑栏中输入公式：=COUNTIF(B2:B11,E5)。

97
随身查

按回车键，即可计算出"男式毛衣"的销售记录条数。

❷ 选中F5单元格，向下复制公式，即可计算出其他产品的销售记录条数，如图6-19所示。

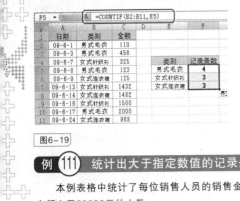

	A	B	C	D	E	F
F5		=COUNTIF(B2:B11,E5)				
1	日期	类别	金额			
2	09-8-1	男式毛衣	110			
3	09-8-3	男式毛衣	456			
4	09-8-7	女式针织衫	325		类别	记录条数
5	09-8-8	男式毛衣	123		男式毛衣	4
6	09-8-9	女式连衣裙	125		女式针织衫	3
7	09-8-13	女式针织衫	1432		女式连衣裙	3
8	09-8-14	女式连衣裙	1482			
9	09-8-16	女式针织衫	1500			
10	09-8-17	男式毛衣	2000			
11	09-8-24	女式连衣裙	968			

图6-19

例 111 统计出大于指定数值的记录条数

本例表格中统计了每位销售人员的销售金额。现在要统计出销售金额大于50000元的人数。

选中D5单元格，在编辑栏中输入公式：=COUNTIF(B2:B11,">=50000")。

按回车键，统计出B2:B11单元格区域中金额大于50000的人数，如图6-20所示。

	A	B	C	D
D5		=COUNTIF(B2:B11,">=50000")		
1	销售员	销售金额		
2	郑燕娜	45800		
3	钟月珍	58814		大于50000的
4	谭林	40500		记录条数
5	农秀色	38908		3
6	于淼	28200		
7	杨文芝	58500		
8	蔡瑞屏	33800		
9	明雪花	25650		
10	黄永明	51498		
11	廖奏	44100		

图6-20

例 **112** 统计出大于某个单元格中数值的记录条数

本例表格中统计了每位学生的分数，现在要分别统计出大于D5单元格与D6单元格中分数的记录条数。

❶ 在工作表中输入数据并建立好求解标识。选中E5单元格，在编辑栏中输入公式：=COUNTIF($B$2:$B$11,">="&D5)。

按回车键，统计出大于60分的人数。

❷ 选中E5单元格，向下复制公式到E6单元格，统计出大于80分的人数，如图6-21所示。

E5	▼	fx	=COUNTIF($B$2:$B$11,">="&D5)		
	A	B	C	D	E
1	姓名	分数			
2	郑燕媚	54			
3	钟月珍	60		大于指定	记录条数
4	谭林	88		的数值	
5	农秀色	90		60	**8**
6	于淼	45		80	**5**
7	杨文芝	65			
8	蔡瑞屏	92			
9	明雪花	86			
10	黄永明	78			
11	廖春	98			

图6-21

例 **113** 返回大于平均值的记录条数

本例表格中统计了每位学生的分数。现在要统计出大于平均值的记录条数。

选中D5单元格，在编辑栏中输入公式：=COUNTIF(B2:B9,">"&AVERAGE(B2:B9))。

按回车键，统计出大于平均值的记录条数，如图6-22所示。

D5	▼	f_x	=COUNTIF(B2:B9,">"&AVERAGE(B2:B9))		
	A	B	C	D	E
1	姓名	分数			
2	郑燕媚	54			
3	钟月珍	60		大于平均值的记	
4	谭林	88		录条数	
5	农秀色	90		**4**	
6	于淼	45			
7	杨文芝	65			
8	蔡瑞屏	92			
9	明雪花	88			

图6-22

例 114 统计出满足两个或多个值的记录条数

本例表格中统计了不同的学员所报的课程，现在要统计出某两门课程的报名人数。

选中D5单元格，在编辑栏中输入公式：=SUM(COUNTIF(B2:B15,{"智瑜伽","业瑜珈"}))。

按回车键，即可计算出B2:B15单元格区域中显示"智瑜珈"与"业瑜珈"的总次数，如图6-23所示。

D5	▼	f_x	=SUM(COUNTIF(B2:B15,{"智瑜伽","业瑜伽"}))		
	A	B	C	D	E
1	姓名	课程			
2	郑燕媚	智瑜伽			
3	钟月珍	业瑜伽		智瑜伽与业瑜	
4	谭林	信仰瑜伽		伽的合计人数	
5	农秀色	智瑜伽		**10**	
6	于淼	信仰瑜伽			
7	杨文芝	业瑜伽			
8	蔡瑞屏	信仰瑜伽			
9	明雪花	智瑜伽			
10	廖春	智瑜伽			
11	罗婷	业瑜伽			
12	卢惜莲	信仰瑜伽			
13	陈明	业瑜伽			
14	韦玲芳	业瑜伽			
15	邓晓兰	业瑜伽			

图6-23

例 115 在COUNTIF函数中使用通配符

本例表格中按日期统计了产品的销售记录（一个品种有多个型号），现在要统计出"乒拍"的销售记录条数。

选中E5单元格，在编辑栏中输入公式：=COUNTIF(B2:B10,"*乒拍*")。

按回车键，统计出"乒拍"的销售记录条数（即"全称"列中包含"乒拍"的记录条数），如图6-24所示。

E5	▼	f_x =COUNTIF(B2:B10,"*乒拍*")		
	A	B	C	D	E
1	日期	全称	金额		
2	09-1-1	立弗乒拍6007	300		
3	09-1-3	立弗羽拍320A	455		
4	09-1-7	立弗乒拍4005	148		乒拍的销售
5	09-1-9	立弗羽拍320A	458		记录条数
6	09-1-13	立弗乒拍4005	560		5
7	09-1-16	立弗乒拍6007	465		
8	09-1-16	立弗乒拍6007	678		
9	09-1-17	立弗羽拍2211	292		
10	09-1-19	立弗羽拍320A	338		

图6-24

例 116 统计指定区域中满足多个条件的记录数目

本例数据表中按日期统计了销售记录，现在要统计出指定类别产品在上半个月的销售记录条数，可以使用COUNTIFS函数来设置多重条件。该函数用于计算某个区域中满足多重条件的单元格数目。

❶ 选中F5单元格，在编辑栏中输入公式：=COUNTIFS($B$2:$B$11,E5,$A$2:$A$11,"<09-6-15")。

按回车键，即可统计出"男式毛衣"上半月的销售记录条数，如图6-25所示。

❷ 选中F5单元格，向下复制公式，即可快速统计出其他产品上半月的销售记录条数。

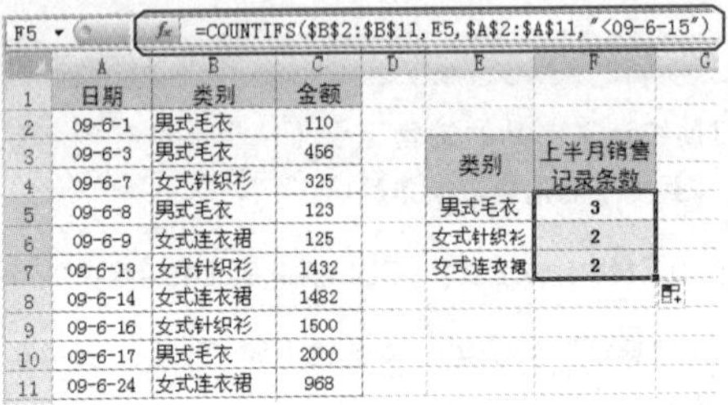
F5 =COUNTIFS($B$2:$B$11,E5,$A$2:$A$11,"<09-6-15")

	A	B	C	D	E	F
1	日期	类别	金额			
2	09-6-1	男式毛衣	110			
3	09-6-3	男式毛衣	456		类别	上半月销售记录条数
4	09-6-7	女式针织衫	325			
5	09-6-8	男式毛衣	123		男式毛衣	3
6	09-6-9	女式连衣裙	125		女式针织衫	2
7	09-6-13	女式针织衫	1432		女式连衣裙	2
8	09-6-14	女式连衣裙	1482			
9	09-6-16	女式针织衫	1500			
10	09-6-17	男式毛衣	2000			
11	09-6-24	女式连衣裙	968			

图6-25

例117 COUNTIFS函数中对时间的限定

本例表格中统计了各家影院各个时间放映影片的类型，现在要统计出“2009-10-1”这一天“雄风剧场”放映的“喜剧片”数目。

❶ 在工作表中输入要统计时间区域的起始值与结束值，如分别在E2、F2单元格中输入“2009-10-1”与“2009-10-2”。

❷ 选中G4单元格，在编辑栏中输入公式：=COUNTIFS($C:$C,"雄风剧场",$B:$B,"喜剧片",$A:$A,">="&E2,$A:$A,"<"&F2)。

按回车键，即可统计出“2009-10-1”这一天“雄风剧场”放映的“喜剧片”数目，如图6-26所示。

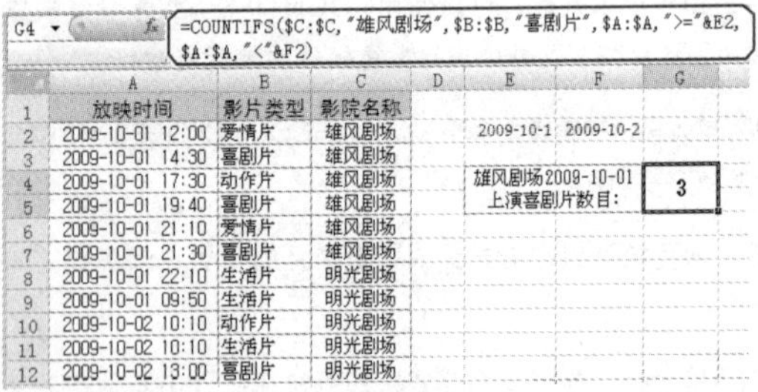
G4 =COUNTIFS($C:$C,"雄风剧场",$B:$B,"喜剧片",$A:$A,">="&E2,$A:$A,"<"&F2)

	A	B	C	D	E	F	G
1	放映时间	影片类型	影院名称				
2	2009-10-01 12:00	爱情片	雄风剧场		2009-10-1	2009-10-2	
3	2009-10-01 14:30	喜剧片	雄风剧场				
4	2009-10-01 17:30	动作片	雄风剧场		雄风剧场2009-10-01上演喜剧片数目:		3
5	2009-10-01 19:40	喜剧片	雄风剧场				
6	2009-10-01 21:10	爱情片	雄风剧场				
7	2009-10-01 21:30	喜剧片	雄风剧场				
8	2009-10-01 22:10	生活片	明光剧场				
9	2009-10-01 09:50	生活片	明光剧场				
10	2009-10-02 10:10	动作片	明光剧场				
11	2009-10-02 10:10	生活片	明光剧场				
12	2009-10-02 13:00	喜剧片	明光剧场				

图6-26

例 **118** 统计出一组数据中哪个数据出现次数最多

本例表格中统计了某一公司客服人员被投诉的记录，可以使用 MODE函数统计出本月中哪位客服人员被投诉的次数最多。MODE函数用于返回在某一数组或数据区域中出现频率最多的数值。

选中B13单元格，在编辑栏中输入公式：=MODE(B2:B11)。

按回车键，即可统计出B2:B11单元格区域中出现最多的数值，本例中为被投诉次数最多的客服编号，如图6-27所示。

B13	▼	fx	=MODE(B2:B11)	
	A	B	C
1	投诉日期	客服编号	投诉原因
2	09-1-2	1502	……
3	00-1-4	1502	
4	09-1-6	1501	
5	09-1-9	1503	
6	09-1-16	1502	
7	09-1-19	1501	
8	09-1-22	1502	
9	09-1-28	1502	
10	09-1-28	1503	
11	09-1-31	1501	
12			
13	被投诉次数最多的客服编号	**1502**	

图6-27

例 **119** 一次性统计出一组数据中各数据出现的次数

本例表格中统计了某一公司客服人员被投诉的记录，现在要统计出每个客服人员被投诉的次数，可以使用FREQUENCY函数。该函数用于计算数值在某个区域内的出现频率，然后返回一个垂直数组。

在工作表中建立数据并输入所有要参与统计的客服编号。选中F4:F6

单元格区域,在编辑栏中输入公式:=FREQUENCY(B2:B11,E4:E6)。

同时按下"Ctrl+Shift+Enter"组合键,即可一次性统计出各个编号在B2:B11单元格区域中出现的次数(本列中为被投诉的次数),如图6-28所示。

F4 ▼		fx	{=FREQUENCY(B2:B11,E4:E6)}		
	A	B	C	D	E	F
1	投诉日期	客服编号	投诉原因			
2	09-1-2	1502	......			
3	09-1-4	1502	......		客服编号	被投诉次数
4	09-1-6	1501	......		1501	**3**
5	09-1-9	1503			1502	**5**
6	09-1-16	1502			1503	**2**
7	09-1-19	1501				
8	09-1-22	1502				
9	09-1-28	1502				
10	09-1-28	1503				
11	09-1-31	1501				

图6-28

6.3 最大值与最小值函数范例

例 120 返回数据表中前三名数据

本例销售统计数据表中,想统计出一季度中前3名的销售量分别为多少,可以使用LARGE函数。

❶ 选中C7单元格,在编辑栏中输入公式:=LARGE($B$2:$E$4,B7)。

按回车键,即可返回B2:E4单元格区域中的最大值。

❷ 选中C7单元格,向下复制公式,可以快速返回第2名、第3名的销售数量,如图6-29所示。

C7	▼		f_x	=LARGE($B$2:$E$4, B7)	
	A	B	C	D	E
1	月份	1店	2店	3店	4店
2	1月	210	456	325	193
3	2月	220	200	388	429
4	3月	200	388	200	325
5					
6		销量名次	销量		
7		1	456		
8		2	429		
9		3	388		

图6-29

例 121 统计数据表中前5名的平均值

本例数据表中统计了学生成绩，现在要计算前5名的平均分数，可以使用LARGE函数配合AVERAGE函数来实现。

选中F5单元格，在编辑栏中输入公式：=AVERAGE(LARGE(C2:C10,{1,2,3,4,5}))。

按回车键，即可统计出C2:C10单元格区域中排名前5位的数据的平均值，如图6-30所示。

F4	▼		f_x	=AVERAGE(LARGE(C2:C10, {1, 2, 3, 4, 5}))	
	A	B	C	D	E	F
1	班级	姓名	成绩			
2	1	宋燕玲	85			
3	2	郑芸	120			
4	1	黄嘉俐	95		前5名平均分	126
5	2	区菲娅	112			
6	1	江小丽	145			
7	1	麦子聪	132			
8	2	叶雯静	60			
9	2	钟翠	77			
10	1	陆穗平	121			

图6-30

例 122 按指定条件返回第一名数据

本例中按班级统计了学生成绩，现在要统计各班级中的最高分，可以使用LARGE函数和数组公式，可以按如下方法来实现。

❶ 选中F5单元格，在编辑栏中输入公式：=LARGE(IF($A$2:$A$12=E5,$C$2:$C$12),1)。

同时按"Ctrl+Shift+Enter"组合键，返回"1"班级最高分，如图6-31所示。

❷ 选中F5单元格，向下复制公式到F6单元格中，可以快速返回"2"班级最高分。

| F5 | ▼ | fx | {=LARGE(IF($A$2:$A$12=E5,$C$2:$C$12),1)} |

	A	B	C	D	E	F
1	班级	姓名	成绩			
2	1	宋燕玲	85			
3	2	郑芸	120			
4	1	黄嘉俐	95		班级	最高分
5	2	区菲娅	112		1	145
6	1	江小丽	145		2	120
7	1	麦子聪	132			
8	2	叶雯静	60			
9		钟琛	77			
10	1	陆耀平	121			
11	2	李慕	105			
12	1	周成	122			

图6-31

例 123 按指定条件返回前3名平均值

本例中按班级统计了学生成绩，现在要统计各班级中前3名的平均分数，可以使用LARGE函数来设置公式，但需要使用数组公式。

❶ 选中F5单元格，在编辑栏中输入公式：=AVERAGE(LARGE(IF($A$2:$A$11=E5,$C$2:$C$11),{1,2,3}))。

同时按"Ctrl+Shift+Enter"组合键，返回"1"班级前3名的平均分，如图6-32所示。

❷ 选中F5单元格，向下复制公式到F6单元格中，可以快速返回"2"班级前3名的平均分。

F5	▼	f_x	{=AVERAGE(LARGE(IF($A$2:$A$11=E5, $C$2:$C$11), {1, 2, 3}))}

	A	B	C	D	E	F
1	班级	姓名	成绩			
2	1	宋燕玲	86			
3	2	郑芸	120			
4	1	黄嘉例	95		班级	前3名平均分
5	2	区菲娅	112		1	134
6	1	江小丽	145		2	114
7	1	麦子聪	132			
8	2	叶雯静	60			
9	2	钟琛	77			
10	1	陆穗平	125			
11	2	李鑫	110			

图6-32

例 124 返回数据表中后3名数据

本例销售统计数据表中，要统计出一季度中后3名的销售量分别为多少，可以使用SMALL函数。

❶ 选中C7单元格，在编辑栏中输入公式：=SMALL($B$2:$E$4,B7)。

按回车键，即可返回B2:E4单元格区域中最小值，如图6-33所示。

❷ 选中C7单元格，向下复制公式，可以快速返回倒数第2名、第3名的销售数量。

C7	▼	f_x	=SMALL($B$2:$E$4, B7)

	A	B	C	D	E
1	月份	1店	2店	3店	4店
2	1月	210	456	325	193
3	2月	220	200	368	429
4	3月	200	388	200	325
5					
6		销量名次	销量		
7		1	193		
8		2	200		
9		3	200		

图6-33

> **提示**
>
> SMALL函数返回某一数据集中的最小值,它的用法与LARGE函数相似。

例 125 使用MAX(MIN)函数统计最高(最低)销售量

MAX函数用于返回数据集中的最大值,MIN函数用于返回数据集中的最小值。在本例中,可以使用MAX(MIN)函数返回最高(最低)销售量。

❶ 选中B6单元格,在编辑栏中输入公式:=MAX(B2:E4)。

按回车键,即可返回B2:E4单元格区域中的最大值,如图6-34所示。

B6	▼	f_x	=MAX(B2:E4)	
	A	B	C	D	E
1	月份	1店	2店	3店	4店
2	1月	210	456	325	193
3	2月	220	200	368	429
4	3月	200	388	200	325
5					
6	最高销量	456			
7	最低销量				

图6-34

❷ 选中B7单元格,在编辑栏中输入公式:=MIN(B2:E4),按回车键,即可返回B2:E4单元格区域中的最小值,如图6-35所示。

B7	▼	f_x	=MIN(B2:E4)	
	A	B	C	D	E
1	月份	1店	2店	3店	4店
2	1月	210	456	325	193
3	2月	220	200	368	429
4	3月	200	388	200	325
5					
6	最高销量	456			
7	最低销量	193			

图6-35

提示

如果只是求取最大值与最小值，使用LARGE函数、SMALL函数与使用MAX函数、MIN函数所达到的效果是一样的。

例 126 按条件求取最大（最小）值

要实现用MAX（MIN）函数按条件求取最大（最小）值，需要采用数组公式。本例按日期统计了销售金额记录，现在要统计前半个月的最高金额，可以按如下方法来设置公式。

❶ 在工作表中E2单元格内输入一个日期分界点，本例中为月中日期（2009-6-15），如图6-36所示。

❷ 选中E5单元格，在编辑栏中输入公式：=MAX(IF(A2:A11>=F2,0,C2:C11))。

同时按 "Ctrl+Shift+Enter" 组合键，即可求取销售记录表中上半月的最高销售金额，如图6-36所示。

	A	B	C	D	E
1	日期	类别	金额		
2	09-6-1	男式毛衣	110		09-6-15
3	09-6-3	男式毛衣	458		
4	09-6-7	女式针织衫	325		上半月最高金额
5	09-6-8	男式毛衣	123		1482
6	09-6-9	女式连衣裙	125		
7	09-6-13	女式针织衫	1432		
8	09-6-14	女式连衣裙	1482		
9	09-6-16	女式针织衫	1500		
10	09-6-17	男式毛衣	2000		
11	09-6-24	女式连衣裙	968		

E5 单元格公式栏：=MAX(IF(A2:A11>=E2,0,C2:C11))

图6-36

例 127 求最小值时忽略0值

当参与运算的区域中包含0值时（统计区域中都为正数），使用

MIN函数统计最小值，得到的结果则为0。现在想忽略0值统计出最小值，可以按如下方法来设置公式。

选中C10单元格，在编辑栏中输入公式：=MIN(IF(C2:C8<>0, C2:C8))。

同时按"Ctrl+Shift+Enter"组合键，即可忽略0值统计出C2:C8单元格区域中的最小值，如图6-37所示。

C10	▼		f_x	{=MIN(IF(C2:C8<>0,C2:C8))}	
	A	B	C	D	E
1	班级	姓名	分数		
2	1	宋燕玲	615		
3	2	郑芸	494		
4	1	黄嘉俐	538		
5	2	区菲娅	564		
6	1	江小丽	0		
7	1	麦子聪	550		
8	2	叶雯静	523		
9					
10	最低分		494		

图6-37

例 128 计算所有学生考试成绩中最高分数（包含文本）

在学生考试成绩统计报表中存在缺考的情况，对于缺考的学生，在单元格中记录了"缺考"文字，那么要统计考试成绩中最高分数，需使用MAXA函数。该函数返回参数列表（包括数字、文本和逻辑值）中的最大值。

选中F6单元格，在编辑栏中输入公式：=MAXA(B2:D12)。

按回车键，即可返回所有学生3门课程考试成绩中的最高分数"99"分，如图6-38所示。

图6-38

例 129 计算所有学生考试成绩中最低分数（包含文本）

在学生考试成绩统计报表中存在缺考的情况，对于缺考的学生，在单元格中记录了"缺考"文字，那么要统计考试成绩中最低分数，需要使用MINA函数。MINA函数返回参数列表（包括数字、文本和逻辑值）中的最小值。

选中G6单元格，在编辑栏中输入公式：=MINA(B2:D12)。

按回车键，即可返回所有学生3门课程考试成绩中的最低分数"0"分，如图6-39所示。

图6-39

6.4 排位统计函数范例

例 130 对员工销售业绩进行排名

本例中统计了每位销售员的总销售额，现在需要对他们的销售额进行排名，可以使用RANK函数来实现。RANK函数返回一个数值在一组数值中的排位。

❶ 选中C2单元格，在编辑栏中输入公式：=RANK(B2,$B$2:$B$11,0)。

按回车键，即可求出B2单元格中的值在B2:B11单元格区域的排名。

❷ 选中C2单元格，向下复制公式，即可快速求出其他员工的总销售额在B2:B11单元格区域的排名，如图6-40所示。

C2	▼	f_x	=RANK(B2,$B$2:$B$11, 0)	
	A	B	C	D
1	姓名	总销售额(万元)	名次	
2	宋燕玲	35.25	9	
3	郑芸	51.5	6	
4	黄嘉俐	75.81	2	
5	区菲娅	82.22	3	
6	江小丽	45.8	7	
7	麦子聪	32.2	10	
8	叶雯静	60.45	4	
9	钟琛	77.9	1	
10	陆穗平	41.55	8	
11	李霞	55.51	5	

图6-40

例 131 对不连续单元格排名次

本例表格中统计了各个月份的销售额，并且统计了各个季度的合计值。现在要求出1季度的销售额合计值在4个季度销售额中的排名。

在工作表中建立求解标识。选中E5单元格，在编辑栏中输入公式：=RANK(B5,(B5,B9,B13,B17))。

按回车键，即可求出B5单元格的值（1季度合计值）在B5，B9，B13，B17这几个单元格数值中的排位，如图6-41所示。

	A	B	C	D	E
				E5	=RANK(B5,(B5,B9,B13,B17))
1	月份	销售额			
2	1月	487			
3	2月	455			
4	3月	348		季度	排名
5	合计	1290		1季度	3
6	4月	458			
7	5月	560			
8	6月	465			
9	合计	1483			
10	7月	678			
11	8月	292			
12	9月	338			
13	合计	1308			
14	10月	228			
15	11月	556			
16	12月	456			
17	合计	1240			

图6-41

例 132 解决当出现相同名次时缺省名次数的问题

使用RANK函数进行排位时，当出现相同名次时，则会少一个名次。比如出现两个第5名，则会自动省去名次6，可以按如下方法设置公式来解决这一问题。

❶ 在图6-42所示的C列中可以看到出现了两个第5名，而少了第6名。

❷ 选中D2单元格，在编辑栏中输入公式：=RANK(B2,$B$2:$B$11)+COUNTIF($B$2:B2,B2)-1。

按回车键，然后向下复制公式。可以看到出现相同名次时，先出现的排在前，后出现的排在后，如图6-42所示。

	D2		fx	=RANK(B2,$B$2:$B$11)+COUNTIF($B$2:B2,B2)-1	

	A	B	C	D	E	F
1	姓名	总销售额(万元)	名次	优化排名		
2	宋燕玲	35.25	9	9		
3	郑芸	51.5	7	7		
4	黄嘉俐	75.81	2	2		
5	区菲娅	82.22	3	3		
6	江小丽	55.51	5	5		
7	麦子聪	32.2	10	10		
8	叶雯静	80.45	4	4		
9	钟琛	77.9	1	1		
10	陆穗平	41.55	8	8		
11	李霞	55.51	5	6		

图6-42

例 133 实现排位时出现相同名次时序号相同，并且序号还能依次排列

采用上一例中介绍的技巧设置公式进行排位时，如果出现非常多相同的名称，该方法则会存在一些弊端。那么如果想实现出现相同名次时排位相同，并且序号依然能够依次排列，可以按如下方法来设置公式。

选中E2单元格，在编辑栏中输入公式：=SUM(IF($B$2:$B$11<=B2,"",1/(COUNTIF($B$2:$B$11,$B$2:$B$11))))+1。

同时按"Ctrl+Shift+Enter"组合键，向下复制公式，可以看到，结果出现两个第5名，序号都显示为5，而且依然有第6名，如图6-43所示。

	E2		fx	{=SUM(IF($B$2:$B$11<=B2,"",1/(COUNTIF($B$2:$B$11,$B$2:$B$11))))+1}	

	A	B	C	D	E
1	姓名	总销售额(万元)	名次	优化排名	最优排名
2	宋燕玲	35.25	9	9	8
3	郑芸	51.5	7	7	6
4	黄嘉俐	75.81	2	2	2
5	区菲娅	82.22	3	3	3
6	江小丽	55.51	5	5	5
7	麦子聪	32.2	10	10	9
8	叶雯静	80.45	4	4	4
9	钟琛	77.9	1	1	1
10	陆穗平	41.55	8	8	7
11	李霞	55.51	5	6	5

图6-43

例 134 将不在同列中的数据统一排名

本例表格中分别统计了两个班级各学生的成绩，且显示在不同的列中。现在要将C列与H列中的成绩统一排名。

❶ 选中D2单元格，在编辑栏中输入公式：=RANK(C2,($C$2:$C$12,$H$2:$H$12))+COUNTIF($C$2:C2,C2)−1。

按回车键，即可求出D2单元格的值在C2:C12、H2:H12单元格区域中的排位。

❷ 选中D2单元格，向下复制公式，即可返回C列中各数据在C2:C12、H2:H12单元格区域中的排位，如图6−44所示。

	A	B	C	D	E	F	G	H	I
1	班级	姓名	成绩	名次		班级	姓名	成绩	名次
2	1	傅钰雯	106	3		2	周星	107	
3	1	龚买鑫	91	20		2	钟忠宏	103	
4	1	陈颖冰	88	21		2	周普芳	105	
5	1	朱海敏	101	11		2	徐彦婧	100	
6	1	吴捷	99	15		2	邓敏	84	
7	1	宋琼	104	7		2	彭聪	106	
8	1	熊其纯	100	13		2	钟子晨	101	
9	1	李嘉源	97	18		2	彭莎	108	
10	1	陈思诚	102	9		2	易伟	109	
11	1	葛旸俊	98	17		2	黄敏	97	
12	1	黄群	99	16		2	甘晨	102	

D2 单元格公式：=RANK(C2,($C$2:$C$12,$H$2:$H$12))+COUNTIF($C$2:C2,C2)−1

图6−44

❸ 选中I2单元格，在公式编辑栏中输入公式：=RANK(H2,($C$2:$C$12,$H$2:$H$12))+COUNTIF($C$2:C2,C2)−1。

按回车键，即可求出H2单元格的值在C2:C12、H2:H12单元格区域中的排位。

❹ 选中I2单元格，向下复制公式，即可返回I列中各数据在C2:C12、H2:H12单元格区域中的排位，如图6−45所示。

```
I2 ▼          =RANK(H2, ($C$2:$C$12, $H$2:$H$12))+
              COUNTIF($C$2:C2, C2)-1
```

	A	B	C	D	E	F	G	H	I
1	班级	姓名	成绩	名次		班级	姓名	成绩	名次
2	1	傅钰雯	106	3		2	周星	107	2
3	1	龚奕鑫	91	20		2	钟志宏	103	8
4	1	陈颖冰	88	21		2	周普芳	105	6
5	1	朱海敏	101	11		2	徐彦婧	100	13
6	1	吴捷	99	15		2	邓敏	84	22
7	1	宋琼	104	7		2	彭聪	106	3
8	1	熊其纯	100	13		2	钟子晨	101	11
9	1	李嘉源	97	18		2	彭莎	106	3
10	1	陈思诚	102	9		2	易伟	109	1
11	1	葛旸俊	98	17		2	黄敏	97	18
12	1	黄群	99	16		2	甘晨	102	10

图6-45

例 135 只显示满足条件的排名

本例表格中统计了各个类别的销售金额,现在想只显示出"立弗乒拍"的排名情况。

❶ 选中D2单元格,在编辑栏中输入公式:=IF($A$2:$A$10=$A$2, RANK(C2,$C$2:$C$10),"")。

按回车键,即可首先判断A2单元格的值是否满足条件,然后返回其排名。

❷ 选中D2单元格,向下复制公式,即可依次判断A列中的类别,然后按条件返回排名,如图6-46所示。

```
D2 ▼          =IF($A$2:$A$10=$A$2, RANK(C2, $C$2:$C$10),"")
```

	A	B	C	D	E	F
1	类别	全称	金额	排名		
2	立弗乒拍	立弗乒拍6007	880	2		
3	立弗羽拍	立弗羽拍320A	755			
4	立弗乒拍	立弗乒拍4005	148	9		
5	立弗羽拍	立弗羽拍320A	458			
6	立弗乒拍	立弗乒拍4005	560	5		
7	立弗乒拍	立弗乒拍6007	465	6		
8	立弗乒拍	立弗乒拍6007	585	4		
9	立弗羽拍	立弗羽拍2211	292			
10	立弗羽拍	立弗羽拍22133	678			

图6-46

例 136　返回特定数值在一个数据集中的百分比排位

要返回特定数值在一个数据集中的百分比排位，需要使用PERCENTRANK函数来实现。例如要计算每位销售人员的销售额在所有员工总销售额中的百分比排位。

❶ 选中C2单元格，在编辑栏中输入公式：=PERCENTRANK($B$2:$B$11,B2,3)。

按回车键，即可计算出第一位员工的总销售额在所有员工总销售额中的百分比排位（因为数据集中有一个数小于35.25，有8个数大于35.25，因此其结果应该为1/(1+8)，其结果为11.1%）。

❷ 选中C2单元格，向下复制公式，即可快速求出其他员工的总销售额在所有员工总销售额中的百分比排位，如图6-47所示。

C2	▼	fx	=PERCENTRANK($B$2:$B$11,B2,3)

	A	B	C	D
1	姓名	总销售额(万元)	百分比排位	
2	宋燕玲	35.25	11.1%	
3	郑芸	51.50	33.3%	
4	黄嘉俐	75.81	88.8%	
5	区菲娅	62.22	77.7%	
6	江小丽	55.51	44.4%	
7	麦子聪	32.20	0.0%	
8	叶夏静	60.45	66.6%	
9	钟琛	77.90	100.0%	
10	陆穗平	41.55	22.2%	
11	李霞	55.51	44.4%	

图6-47

例 137　返回数值区域的K百分比数值点

使用PERCENTILE函数可以返回数值区域的K百分比数值点，即将数值区域的数从小到大排列，计算从最小值开始百分比K值的位置所对应的值。例如当前数据表中统计了学生的身高，现在要统计出90%处的身高值。

选中C11单元格，在编辑栏中输入公式：=PERCENTILE(C2:C9,0.9)。

按回车键，即可计算出从最低到最高算起，90%位置处所对应的身高值，如图6-48所示。

C11	▼	f_x =PERCENTILE(C2:C9,0.9)	
	A	B	C	D
1	姓名	性别	身高	
2	宋燕玲	女	161	
3	郑莘	女	158	
4	黄嘉	男	172	
5	区菲婕	女	168	
6	江小丽	女	165	
7	麦子聪	男	178	
8	叶夏静	女	172	
9	钟琛	男	180	
10				
11	统计90%的身高		178.6	

图6-48

例 138 按指定条件返回数值区域的K百分比数值点

当前数据表中统计了学生的身高，现在要统计出女生中90%处的身高值，可以使用PERCENTILE函数设置数组公式来求取。

选中C12单元格，在编辑栏中输入公式：=PERCENTILE(IF(B2:B9="女",C2:C9),0.9)。

同时按"Ctrl+Shift+Enter"组合键，即可计算出需要的值，如图6-49所示。

C12	▼	f_x {=PERCENTILE(IF(B2:B9="女",C2:C9),0.9)}		
	A	B	C	D	E	F
1	姓名	性别	身高			
2	宋燕玲	女	161			
3	郑莘	女	158			
4	黄嘉	男	172			
5	区菲婕	女	168			
6	江小丽	女	165			
7	麦子聪	男	178			
8	叶夏静	女	172			
9	钟琛	男	180			
10						
11	统计90%的身高		178.6			
12	统计女生90%的身高		170.4			

图6-49

例 139 使用MEDIAN函数计算中位数

本例数据表中统计了学生的身高，现在要统计出身高值的中位数，需要使用MEDIAN函数。

选中C11单元格，在编辑栏中输入公式：=MEDIAN(C2:C9)。

按回车键，即可计算出身高数值集合的中位数，如图6-50所示。

C11		ƒx =MEDIAN(C2:C9)	
	A	B	C	D
1	姓名	性别	身高	
2	宋燕玲	女	161	
3	郑苹	女	158	
4	黄高	男	172	
5	区菲娅	女	168	
6	江小丽	女	165	
7	麦子聪	男	170	
8	叶曼静	女	172	
9	钟琛	男	180	
10				
11	中位数		170	

图6-50

例 140 使用QUARTILE函数求取四分位数

四分位数是指一组数据中的最小值、25%处值、50%处值、75%处值、最大值。例如当前数据表中统计了学生的身高，现在要求四分位数，需要使用QUARTILE函数来实现。

❶ 选中F5单元格，在编辑栏中输入公式：=QUARTILE(C2:C13,0)。

按回车键，即可计算出指定数组中的最小值，如图6-51所示。

❷ 选中F6单元格，在编辑栏中输入公式：=QUARTILE(C2:C13,1)。

按回车键，即可计算出指定数组中25%处的值。

❸ 分别在F7、F8、F9单元格中输入公式：=QUARTILE(C2:

C13,2)、=QUARTILE(C2:C13,3)、=QUARTILE(C2:C13,4)，可分别计算出其他几个分位的数值，如图6-52所示。

图6-51

图6-52

例 141 从指定员工中抽出几名员工的组合数量

本例需要计算出从25名员工中，抽出8名员工的组合数量。

选中C2单元格，在编辑栏中输入公式：=PERMUT(A2,B2)。

按回车键，即可计算出抽出8名员工的组合数量为"43 609 104 000"，如图6-53所示。

A	B	C
员工总人数	抽出人数	可组合数量
25	8	43609104000

图6-53

6.5 回归分析函数范例

例 142 预算产品的使用寿命测试值

FORECAST函数可以根据已有的数值计算或预测未来值。例如本例中对两类产品进行使用寿命测试，通过两类产品的测试结果预算出产品的寿命测试值。

选中B12单元格，在编辑栏中输入公式：=FORECAST(9,A2:A10,B2:B10)。

按回车键，即可预算出产品的寿命测试值为"133.111 111 1"，如图6-54所示。

B12 =FORECAST(9,A2:A10,B2:B10)

A	B
A类产品的测试结果	B类产品的测试结果
93	79
76	99
89	85
88	89
75	91
90	72
77	87
82	90
94	88
预算出产品的寿命测试值	133.1111111

图6-54

例 **143** 预算出未来3个月的产品销售量

GROWTH函数用于对给定的数据预测指数增长值。本例通过9个月产品销售量统计报表预算出10、11、12月的产品销售量。

选中E2:E4单元格区域，在编辑栏中输入公式：=GROWTH(B2:B10,A2:A10,D2:D4)。

按"Ctrl+Shift+Enter"组合键即可预算出10、11、12月产品的销售量，如图6-55所示。

	A	B	C	D	E
1	月份	销售量（件）		预测10、11、12月的产品销售量	
2	1	13176		10	13191.57603
3	2	13287		11	13166.99244
4	3	13366		12	13142.45466
5	4	13517			
6	5	13600			
7	6	13697			
8	7	13121			
9	8	12956			
10	9	13135			

图6-55

例 **144** 根据上半年各月产品销售量预算出未来销售量

TREND函数用于返回一条线性回归拟合线的值。例如通过上半年各月产品销售量统计报表预算出7、8、9月的产品销售量。

选中E2:E4单元格区域，在编辑栏中输入公式：=TREND(B2:B7,A2:A7,D2:D4)。

按"Ctrl+Shift+Enter"组合键即可预算出7、8、9月产品的销售量，如图6-56所示。

E2 ▼		f_x	{=TREND(B2:B7,A2:A7,D2:D4)}	
	A	B	C	D	E
1	月份	销售量（件）		预测7、8、9月的销售量（件）	
2	1	13176		7	13810
3	2	13287		8	13915.57143
4	3	13366		9	14021.14286
5	4	13517			
6	5	13600			
7	6	13697			

图6-56

例 145 根据上半年产品销售量预算指定月份的销售量

LINEST函数使用最小二乘法对已知数据进行最佳直线拟合，并返回描述此直线的数组。例如在上半年产品销售数量统计报表中，根据上半年各月的销售数量预算9月份的产品销售量，可以按如下方法设置公式。

选中B9单元格，在编辑栏中输入公式：=SUM(LINEST(B2:B7,A2:A7)*{9,1})。

按回车键，即可预算出9月份的产品销售量为"14 021.14"件，如图6-57所示。

B9 ▼		f_x	=SUM(LINEST(B2:B7,A2:A7)*{9,1})	
	A	B	C
1	月份	销售量（件）	
2	1	13176	
3	2	13287	
4	3	13366	
5	4	13517	
6	5	13600	
7	6	13697	
8			
9	预测9月份产品销售量	14021.14	

图6-57

例 146 返回上半年各月销售量的曲线数值

LOGEST函数在回归分析中，计算最符合观测数据组的指数回归拟合曲线，并返回描述该曲线的数值数组。例如在上半年产品销售数量统计报表中，根据上半年各月的销售数量返回相应的曲线数值。

选中B9单元格，在编辑栏中输入公式：=LOGEST(B2:B7,A2:A7,TRUE,FALSE)。

按回车键，即可返回产品销售量的曲线数值，如图6-58所示。

	A	B	C
	月份	**销售量（件）**	
1			
2	1	13176	
3	2	13287	
4	3	13366	
5	4	13517	
6	5	13600	
7	6	13697	
8			
9	产品销售量的曲线数值	1.007887637	

B9 ▾ fx =LOGEST(B2:B7,A2:A7,TRUE,FALSE)

图6-58

例 147 通过两类产品的测试结果返回线性回归直线的截距值

INTERCEPT函数利用现有的x值与y值计算直线与y轴的截距。例如本例中对两类产品进行使用寿命测试，通过测试结果返回两类产品线性回归直线的截距值。

选中B12单元格，在编辑栏中输入公式：=INTERCEPT(A2:A10,B2:B10)。

按回车键，即可返回两类产品的线性回归直线的截距值"138.699 093 9"，如图6-59所示。

B12 ▼	fx =INTERCEPT(A2:A10, B2:B10)

	A	B
1	A类产品的测试结果	B类产品的测试结果
2	93	79
3	76	99
4	89	85
5	88	89
6	75	91
7	90	72
8	77	87
9	82	90
10	94	88
11		
12	两类产品测试结果的截距值	138.6990939

图6-59

例 148 通过两类产品的测试结果返回线性回归直线的斜率

SLOPE函数返回根据known_y's和known_x's中的数据点拟合的线性回归直线的斜率。本例中对两类产品进行使用寿命测试，通过测试结果返回两类产品的线性回归直线的斜率。

选中B12单元格，在编辑栏中输入公式：=SLOPE(A2:A10,B2:B10)。

按回车键，即可返回两类产品的线性回归直线的斜率值"-0.620 886 981"，如图6-60所示。

B12 ▼	fx =SLOPE(A2:A10, B2:B10)

	A	B
1	A类产品的测试结果	B类产品的测试结果
2	93	79
3	76	99
4	89	85
5	88	89
6	75	91
7	90	72
8	77	87
9	82	90
10	94	88
11		
12	两类产品测试结果的斜率值	-0.620886981

图6-60

例 **149** 根据上、下半年产品销售量返回销售量的标准误差

在全年产品销售数量统计报表中，根据上半年和下半年各月的销售数量返回上、下半年产品销售量的标准误差。

选中C10单元格，在编辑栏中输入公式：=STEYX(B3:B8,D3:D8)。

按回车键，即可返回上半年和下半年产品销售量的标准误差"146.522 245"，如图6-61所示。

C10	▼	f_x =STEYX(B3:B8,D3:D8)	
	A	B	C	D
1	上半年销售量		下半年销售量	
2	销售量		销售量	
3	1月	13176	7月	13580
4	2月	13287	8月	12640
5	3月	13366	9月	13710
6	4月	13517	10月	16490
7	5月	13600	11月	17570
8	6月	13697	12月	15200
9				
10	上半年和下半年销售量的标准误差		146.522245	

图6-61

7.1 投资计算函数

例 150 计算贷款的每期付款金额

本例表格中统计了某项贷款年利率、贷款年限、贷款总金额，付款方式为期末付款。现在要计算出贷款的每年偿还金额，可以使用PMT函数来求取。该函数基于固定利率及等额分期付款方式，返回贷款的每期付款额。

❶ 选中B4单元格，在编辑栏中输入公式：=PMT(A2,B2,C2)。

❷ 按回车键，即可计算出该项贷款的每年偿还金额，如图7-1所示。

	A	B	C	D
B4		f_x =PMT(A2,B2,C2)		
1	贷款年利率	贷款年限	贷款总金额	
2	7.47%	5	200000	
3				
4	每年偿还金额	¥-49,393.56		

图7-1

例 151 当支付次数为按季度（月）支付时计算每期应偿还金额

当前得知某项贷款年利率、贷款年限、贷款总金额，支付次数为按季度或按月支付，现在要计算出每期应偿还金额。由于现在是按季度支付，因此贷款利率应为：年利率/4，付款总数应为：贷款年限*4。公式的设置方式如下。

❶ 选中B4单元格，在编辑栏中输入公式：=PMT(A2/4,B2*4,C2)。

按回车键，即可计算出该项贷款每季度的偿还金额，如图7-2所示。

B4	▼	f_x =PMT(A2/4,B2*4,C2)	
	A	B	C
1	贷款年利率	贷款年限	贷款总金额
2	7.47%	5	200000
3			
4	每季度偿还金额	¥-12,075.50	
5	每月偿还金额		

图7-2

❷ 选中B5单元格，输入公式：=PMT(A2/12,B2*12,C2)。

按回车键，即可计算出该项贷款每月的偿还金额，如图7-3所示。

B5	▼	f_x =PMT(A2/12,B2*12,C2)	
	A	B	C
1	贷款年利率	贷款年限	贷款总金额
2	7.47%	5	200000
3			
4	每季度偿还金额	¥-12,075.50	
5	每月偿还金额	¥-4,004.74	

图7-3

例 152 计算贷款指定期间的本金偿还金额

使用PMT函数计算的贷款每期偿还额包括本金与利息两部分，如果想计算出每期偿还额中包含的本金金额，需要使用PPMT函数。从本例中得知某项贷款的金额、贷款年利率、贷款年限，付款方式为期末付款，现在要计算出第1年与第2年的偿还额中包含的本金金额。

❶ 选中B4单元格，在编辑栏中输入公式：=PPMT($A$2,1,$B$2,$C$2)。

按回车键，即可计算出该项贷款第1年需要偿还的本金金额，如图7-4所示。

B4	▼	f_x =PPMT($A$2,1,$B$2,$C$2)	
	A	B	C
1	贷款年利率	贷款年限	贷款总金额
2	7.47%	5	200000
3			
4	第一年本金	¥ -34,453.56	
5	第二年本金		

图7-4

❷ 选中B5单元格，在编辑栏中输入公式：=PPMT($A$2,2,$B$2, $C$2)。

按回车键，即可计算出该项贷款第2年需要偿还的本金金额，如图7-5所示。

B5	▼	f_x =PPMT($A$2,2,$B$2,$C$2)	
	A	B	C
1	贷款年利率	贷款年限	贷款总金额
2	7.47%	5	200000
3			
4	第一年本金	¥ -34,453.56	
5	第二年本金	¥ -37,027.24	

图7-5

例 153 利用公式复制的方法快速计算贷款每期偿还金额中包含的本金金额

如果想查看某项贷款每一期的本金偿还金额，可以在工作表中创建数据源，然后利用公式复制的方法来快速计算。

❶ 在工作表中输入年份（该项贷款的贷款年限），如图7-6所示。

	A	B	C
1	贷款年利率	贷款年限	贷款总金额
2	7.47%	5	200000
3			
4	年份	本金金额	
5	1		
6	2		
7	3		
8	4		
9	5		

图7-6

❷ 选中B5单元格，在编辑栏中输入公式：=PPMT($A$2,A5,$B$2,$C$2)。

按回车键，即可计算出该项贷款第1年还款额中的本金金额。

❸ 选中B5单元格，向下复制公式，可快速求出各年应偿还的本金金额，如图7-7所示。

B5	▼	*fx*	=PPMT($A$2, A5, $B$2, $C$2)
	A	B	C
1	贷款年利率	贷款年限	贷款总金额
2	7.47%	5	200000
3			
4	年份	本金金额	
5	1	¥-34,453.56	
6	2	¥-37,027.24	
7	3	¥-39,793.17	
8	4	¥-42,765.72	
9	5	¥-45,960.32	

图7-7

例 154 计算贷款每期偿还额中包含的利息金额

如果想计算出贷款每期偿还额中包含的利息金额，需要使用IPMT函数。从本例中得知某项贷款的金额、贷款年利率、贷款年限，付款方式为期末付款，下面通过公式计算每期偿还的利息金额。

❶ 在工作表中输入年份（该项贷款的贷款年限）。

❷ 选中B5单元格，在公式编辑栏中输入公式：=IPMT($A$2,A5,$B$2,$C$2)。

按回车键，即可计算出该项贷款第一年还款额中的利金息额。

❸ 选中B5单元格，向下复制公式可快速求出各年中应偿还的利息金额，如图7-8所示。

B5	▼	f_x =IPMT($A$2, A5, $B$2, $C$2)	
	A	B	C
1	贷款年利率	贷款年限	贷款总金额
2	7.47%	5	200000
3			
4	年份	利息金额	
5	1	¥ -14,940.00	
6	2	¥ -12,366.32	
7	3	¥ -9,600.38	
8	4	¥ -6,627.84	
9	5	¥ -3,433.24	

图7-8

例 155 计算出住房贷款中每月还款利息金额

本例表格中统计了某项住房贷款年利率、贷款年限、贷款总额。现在要计算该业主每月还款额中包含的利息额（以计算前6个月为例），仍然需要使用IPMT函数来实现。

❶ 在工作表中输入想计算其利息额的月份（本例只输入前6个月）。

❷ 选中B5单元格，在编辑栏中输入公式：=IPMT($A$2/12,A5,$B$2*12,$C$2)。

按回车键，即可计算出该项贷款第一个月还款额中应偿还的利息额。

❸ 选中B5单元格，向下复制公式，可依次计算出该项住房贷款前6个月每月还款额中利息额，如图7-9所示。

B5	▼	*fx*	=IPMT($A$2/12, A5, $B$2*12, $C$2)
	A	B	C	D
1	贷款年利率	贷款年限	贷款总金额
2	4.58%	10	150000
3			
4	月份	利息金额	
5	1	¥-572.50	
6	2	¥-568.73	
7	3	¥-564.94	
8	4	¥-561.15	
9	5	¥-557.33	
10	6	¥-553.80	

图7-9

例 156 计算贷款在两个期间累计偿还的本金数额

要计算出一笔贷款在给定的两个期间累计偿还的本金数额，需要使用CUMPRINC函数。例如当前得知某项贷款的利率、贷款年限、贷款总额，现在要计算第3年中应付的本金金额。

❶ 将已知数据输入到工作表中。

❷ 选中B4单元格，在编辑栏中输入公式：=CUMPRINC(A2/12,B2*12,C2,25,36,0)。

按回车键，即可计算出贷款在第3年支付的本金金额，如图7-10所示。

B4	▼	*fx*	=CUMPRINC(A2/12, B2*12, C2, 25, 36, 0)
	A	B	C
1	贷款年利率	贷款年限	贷款总金额
2	7.47%	5	200000
3			
4	第3年偿还本金总额	¥-39,779.06	

图7-10

133
随身查

例 157 计算贷款在两个期间累计偿还的利息

要计算出一笔贷款在给定的两个期间累计偿还的利息数额，需要使用CUMIPMT函数。例如当前得知某项贷款年利率、贷款年限、贷款总额，现在要计算第3年中应付的利息金额。

❶ 将已知数据输入到工作表中。

❷ 选中B4单元格，在编辑栏中输入公式：=CUMIPMT(A2/12, B2*12,C2,25,36,0)。

按回车键，即可计算出贷款在第3年支付的利息金额，如图7-11所示。

	A	B	C
B4	fx =CUMIPMT(A2/12, B2*12, C2, 25, 36, 0)		
1	贷款年利率	贷款年限	贷款总金额
2	7.47%	5	200000
3			
4	第3年偿还利息总额	¥-8,277.81	

图7-11

例 158 计算某项投资的未来值

要计算出某项投资的未来值，需要使用FV函数。例如购买某项保险分30年付款，每年付6350元（共付190500元），年利率是5%，还款方式为期初还款，现在要计算以这种方式付款的未来值。

选中B4单元格，在编辑栏中输入公式：=FV(A2,B2,C2,1)。

按回车键，即可计算出购买该项保险的未来值，如图7-12所示。

	A	B	C
B4	fx =FV(A2,B2,C2,1)		
1	保险年利率	总付款期数	各期应付金额
2	5.00%	30	6350
3			
4	购买此保险的未来值	¥-421,891.00	

图7-12

例 159 计算购买某项保险的现值

要计算出某项投资的现值，需要使用PV函数。例如购买某项保险分30年付款，每年付6 350元（共付190 500元），年利率是5%，还款方式期初还款。现在要计算出该项投资的现值，即支付的本金金额。

选中B4单元格，在编辑栏中输入公式：=PV(A2,B2,C2,1)。

按回车键，即可计算出购买该项保险的现值，如图7-13所示。

B4	▼	fx =PV(A2,B2,C2,1)	
	A	B	C
1	保险年利率	总付款期数	各期应付金额
2	5.00%	30	6350
3			
4	购买此保险的现值	￥-97,615.30	

图7-13

例 160 计算住房公积金的未来值

例如某企业每月从工资中扣除200元作为住房公积金，然后按年利率为22%返还给员工。现在要计算5年后员工住房公积金金额，可以使用FV函数来求解。

选中B4单元格，在编辑栏中输入公式：=FV(A2/12,B2,C2)。

按回车键，即可计算出5年后该员工所得的住房公积金金额，如图7-14所示。

B4	▼	fx =FV(A2/12,B2,C2)	
	A	B	C
1	年利率	总交纳月数	月交纳金额
2	22.00%	60	200
3			
4	住房公积金的未来值	￥-21,538.78	

图7-14

例 **161** 计算出贷款的清还年数

例如当前得知某项贷款总额、年利率，以及每年向贷款方支付的金额，现在计算还清此项贷款需要多少年，需要使用NPER函数。该函数基于固定利率及等额分期付款方式，返回某项投资（或贷款）的总期数。

❶ 选中B4单元格，在公式编辑栏中输入公式：=ABS(NPER(A2,B2,C2))。

❷ 按回车键即可计算出此项贷款的清还年数（约为13年），如图7-15所示。

B4 ▼	fx =ABS(NPER(A2,B2,C2))	
	A	B	C
1	贷款年利率	每年支付额（万元）	贷款总金额（万元）
2	7.47%	5	100
3			
4	清还贷款的年数	12.68556563	

图7-15

例 **162** 计算出某项投资的投资期数

例如某项投资的回报率为7.18%，每月需要投资的金额为2 000元，现在想最终获取100 000元的收益，计算需要经过多少期的投资才能实现。

选中B4单元格，在编辑栏中输入公式：=ABS(NPER(A2/12,B2,C2))。

按回车键，即可计算出要取得预计的收益金额需要投资的总期数（约为44个月），如图7-16所示。

B4 ▼	fx =ABS(NPER(A2/12,B2,C2))	
	A	B	C
1	投资回报率	每月投资金额	预计收益金额
2	7.18%	2000	100000
3			
4	总投资期数（月数）	43.87274254	

图7-16

例 **163** 计算某投资的净现值

要计算出企业项目投资的净现值，需要使用NPV函数来实现。根据第一笔资金开支起点的不同（期初还是期末），其计算方法稍有差异。当前表格中显示了某项投资的年贴现率、初期投资金额，以及各年收益额，公式设置如下。

❶ 选中B7单元格，在编辑栏中输入公式：=NPV(B1,B2:B5)。

按回车键，即可计算出该项投资的净现值（年末发生），如图7-17所示。

B7	▼	f_x =NPV(B1,B2:B5)
	A	B
1	年贴现率	10.00%
2	初期投资	-12000
3	第1年收益	5000
4	第2年收益	7800
5	第3年收益	12000
6		
7	投资净现值(年末发生)	￥7,279.56
8	投资净现值(年初发生)	

图7-17

❷ 选中B8单元格，在编辑栏中输入公式：=NPV(B1,B3:B5)+B2。

按回车键，即可计算出该项投资的净现值（年初发生），如图7-18所示。

B8	▼	f_x =NPV(B1,B3:B5)+B2
	A	B
1	年贴现率	10.00%
2	初期投资	-12000
3	第1年收益	5000
4	第2年收益	7800
5	第3年收益	12000
6		
7	投资净现值(年末发生)	￥7,279.56
8	投资净现值(年初发生)	￥8,007.51

图7-18

例 **164** 计算投资期内要支付的利息额

要计算出投资期内支付的利息，需要使用ISPMT函数来实现。例如当前得知某项投资的回报率、投资年限、投资总金额，现在要计算出投资期内第一年与第一个月支付的利息额。

❶ 选中C4单元格，在公式编辑栏中输入公式：=ISPMT(A2,1,B2,C2)。

按回车键，即可计算出该项投资第1年中支付的利息额，如图7-19所示。

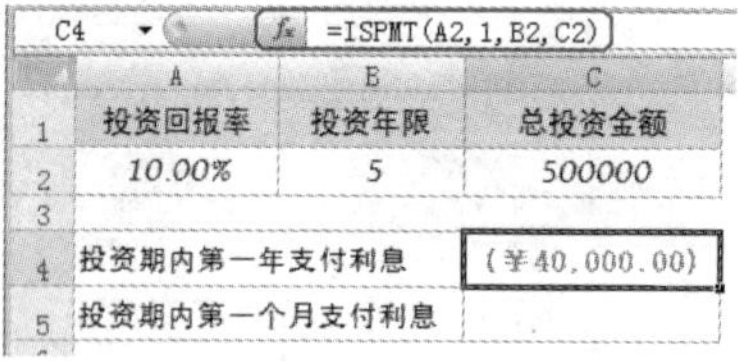

	A	B	C
1	投资回报率	投资年限	总投资金额
2	10.00%	5	500000
3			
4	投资期内第一年支付利息		（￥40,000.00）
5	投资期内第一个月支付利息		

C4 ▾ fx =ISPMT(A2,1,B2,C2)

图7-19

❷ 选中C5单元格，在公式编辑栏中输入公式：=ISPMT(A2/12,1,B2*12,C2)。

按回车键，即可计算出该项投资第一个月支付的利息额，如图7-20所示。

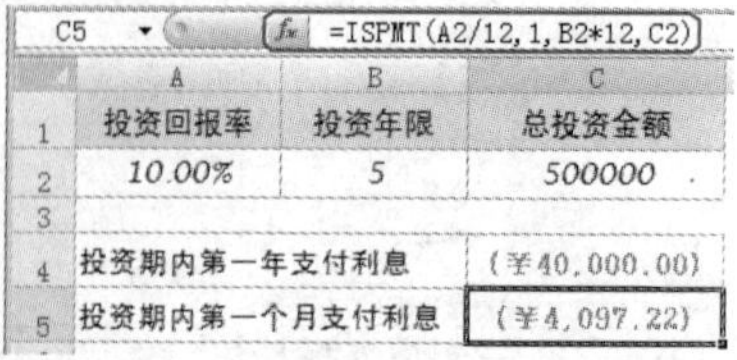

	A	B	C
1	投资回报率	投资年限	总投资金额
2	10.00%	5	500000
3			
4	投资期内第一年支付利息		（￥40,000.00）
5	投资期内第一个月支付利息		（￥4,097.22）

C5 ▾ fx =ISPMT(A2/12,1,B2*12,C2)

图7-20

例 **165** 计算出一组不定期盈利额的净现值

计算出一组不定期盈利额的净现值，需要使用XNPV函数来实现。例如当前表格中显示了某项投资年贴现率、投资额及不同日期中预计的投资回报金额，该投资项目的净现值计算方法如下。

选中C8单元格，在编辑栏中输入公式：=XNPV(C1,C2:C6,B2:B6)。

按回车键，即可计算出该投资项目的净现值，如图7-21所示。

C8 ▼		f_x =XNPV(C1,C2:C6,B2:B6)
	A	B	C
1	年贴现率		15.00%
2	投资额	09-1-1	−20000
3		09-4-1	5000
4	预计收益	09-6-10	8000
5		09-8-20	11000
6		09-10-30	15000
7			
8	投资净现值		￥15,785.99

图7-21

例 **166** 计算某项投资在可变利率下的未来值

要计算出某项投资在可变利率下的未来值，需要使用FVSCHEDULE函数来实现。如本例表格中显示了某项借款的总金额，以及在5年中各年不同的利率，现在要计算出5年后该项借款的回收金额。

选中C5单元格，在编辑栏中输入公式：=FVSCHEDULE(B1,B2:F2)。

按回车键，即可计算出5年后这项借款的回报金额，如图7-22所示。

B4	▼	f_x	=FVSCHEDULE(B1,B2:F2)		
	A	B	C	D	E	F
1	借款金额		100000			
2	5年间不同利率	5.42%	5.58%	5.79%	5.90%	6.02%
3						
4	5年后借款回收金额	￥132,200.48				
5						

图7-22

7.2 偿还率计算函数

例 167 计算某项投资的内部收益率

内部收益率是指支出和收入以固定时间间隔发生的一笔投资所获得的利率。要计算出某项投资的内部收益率，需要使用IRR函数来实现。当前表格中显示了某项投资年贴现率、初期投资金额，以及预计今后3年内的收益额。现在要计算出该项投资的内部收益率。

选中B7单元格，输入公式：=IRR(B2:B5,B1)。

按回车键，即可计算出投资内部收益率，如图7-23所示。

B7	▼	f_x	=IRR(B2:B5,B1)
	A	B
1	年贴现率	10.00%
2	初期投资	-12000
3	第1年收益	5000
4	第2年收益	6800
5	第3年收益	9000
6		
7	内部收益率	29.82%

图7-23

例 168 计算某项投资的修正内部收益率

函数MIRR同时考虑了投资的成本和现金再投资的收益率。例如贷款再投资问题，则需要考虑到贷款的利率、再投资的收益率以及投资收益金额来计算该项投资的修正内部收益率。例如现贷款100 000元用于某项投资，表格中显示了贷款利率、再投资收益率以及预计3年后的收益额，现在要计算出该项投资的修正内部收益率。

选中B8单元格，输入公式：=MIRR(B3:B6,B1,B2)。

按回车键，即可计算出投资的修正收益率，如图7-24所示。

B8	fx	=MIRR(B3:B6,B1,B2)	
	A	B	C
1	贷款利率	7.47%	
2	再投资收益率	15.00%	
3	贷款金额	-100000	
4	第1年收益	18000	
5	第2年收益	26800	
6	第3年收益	39000	
7			
8	3年后投资的修正收益率	-2.17%	

图7-24

例 169 计算出某项借款的收益率

本例表格中显示了某项借款的金额、借款期限、年支付金额。现在要计算出该项借款的收益率，可以使用RATE函数。该函数用于返回年金的各期利率。

选中B4单元格，在公式编辑栏中输入公式：=RATE(A2,B2,C2)。

按回车键，即可计算出该项借款的收益率，如图7-25所示。

B4	fx	=RATE(A2,B2,C2)	
	A	B	C
1	借款年限	年支付金额	借款金额
2	5	15000	-50000
3			
4	收益率	15.24%	

图7-25

141
随身查

例 170 计算购买某项保险的收益率

购买某项保险业务需要一次性缴费50 000元，保险期限为30年。如果保险期限内没有出险，每月可返还500元。现在要计算这种保险的收益率。

选中B4单元格，在公式编辑栏中输入公式：=RATE(A2,B2*12,C2)。

按回车键，即可计算出未出险的情况下该项保险的收益率，如图7-26所示。

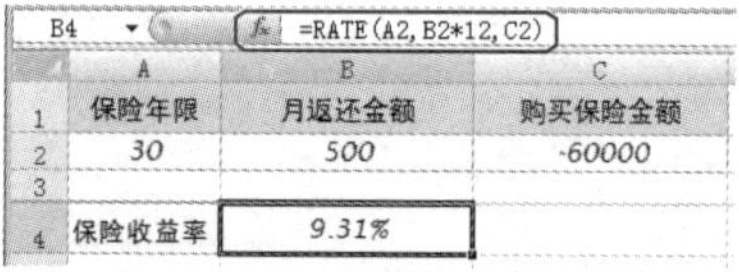

	A	B	C
	=RATE(A2,B2*12,C2)		
1	保险年限	月返还金额	购买保险金额
2	30	500	-60000
3			
4	保险收益率	9.31%	

图7-26

7.3 折旧计算函数

例 171 采用直线法计算出固定资产的每年折旧额

直线法即平均年限法，它是根据固定资产的原值、预计净残值、预计使用年限平均计算折旧的一种方法。直线法计算固定资产折旧额对应的函数为SLN函数。

❶ 录入各项固定资产的原值、可使用年限、残值等数据到工作表中。

❷ 选中E2单元格，在编辑栏中输入公式：=SLN(B2,D2,C2)。

按回车键，即可计算出第一项固定资产每年折旧额。

❸ 选中E2单元格，向下拖动进行公式复制，即可计算出其他各项固定资产每年折旧额，如图7-27所示。

图7-27

例 172 采用直线法计算出固定资产的每月折旧额

如果想采用直线折旧法计算出各项固定资产每月折旧额，其操作方法如下。

❶ 录入各项固定资产的原值、可使用年限、残值等数据到工作表中。

❷ 选中E2单元格，在编辑栏中输入公式：=SLN(B2,D2,C2*12)。

按回车键，即可计算出第一项固定资产每月折旧额。

❸ 选中E2单元格，向下拖动进行公式复制，即可计算出其他各项固定资产的每月折旧额，如图7-28所示。

图7-28

例 173 采用固定余额递减法计算出固定资产的每年折旧额

固定余额递减法是一种加速折旧法，即在预计的使用年限内将后期折旧的一部分移到前期，使前期折旧额大于后期折旧额的一种方法。固定余额递减法计算固定资产折旧额对应的函数为DB函数。

❶ 录入固定资产的原值、可使用年限、残值等数据到工作表中，并输入要求解的各年限。

❷ 选中B5单元格，在编辑栏中输入公式：=DB($B$2,$D$2,$C$2,A5,$E$2)。

按回车键，即可计算出该项固定资产第1年的折旧额。

❸ 选中B5单元格，向下拖动进行公式复制，即可计算出各个年限的折旧额，如图7-29所示。

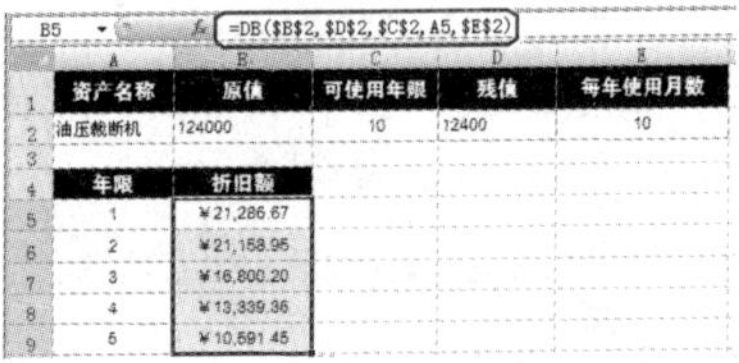

图7-29

例 174 采用固定余额递减法计算出固定资产的每月折旧额

要采用固定余额递减法计算出固定资产各年中每月折旧额，可以按如下方法来操作。

❶ 录入固定资产的原值、可使用年限、残值等数据到工作表中。

❷ 选中B5单元格，在编辑栏中输入公式：=DB($B$2,$D$2,$C$2,A5,$E$2)/$E$2。

按回车键，即可计算出该项固定资产第1年中每月折旧额。

❸ 选中B5单元格，向下拖动进行公式复制，即可快速求出每年中各月的折旧额，如图7-30所示。

图7-30

例 **175** 采用双倍余额递减法计算出固定资产的每年折旧额

双倍余额递减法是在不考虑固定资产净残值的情况下，根据每期期初固定资产账面余额和双倍的直线法折旧率计算固定资产折旧额的一种方法。对应的函数为DDB函数。

❶ 录入固定资产的原值、可使用年限、残值等数据到工作表中，并输入要求解的各年限。

❷ 选中B5单元格，在编辑栏中输入公式：=IF(A5<=$C$2-2,DDB($B$2,$D$2,$C$2,A5),0)。

按回车键，即可计算出该项固定资产第1年的折旧额。

❸ 选中B5单元格，向下拖动进行公式复制，即可计算出各个年限的折旧额，如图7-31所示。

图7-31

> **提示**
>
> 由于实行双倍余额递减法计提折旧的固定资产，应当在其
> 固定资产折旧年限到期以前两年内，将固定资产净值（扣除净残
> 值）平均摊销，因此在计算折旧额时采用了IF函数来进行判断。

例 176 计算出固定资产某段期间的设备折旧值

要计算出固定资产某段期间（比如第6～12个月、第3～5年等）
的设备折旧值，需要使用VDB函数来实现。

❶ 录入固定资产的原值、可使用年限、残值等数据到工作表中，
并根据实际需要建立求解标识。

❷ 选中B4单元格，在编辑栏中输入公式：=VDB(B2,D2,C2*12,0,1)。

按回车键，即可计算出该项固定资产第1个月的折旧额，如图
7-32所示。

	A	B	C	D
		fx	=VDB(B2, D2, C2*12, 0, 1)	
1	资产名称	原值	可使用年限	残值
2	颚破机	35000	5	2000
3				
4	第1个月的折旧额	¥1,166.67		
5	第3年的折旧额			
6	第6～12月的折旧额			
7	第3～4年的折旧额			

图7-32

❸ 选中B5单元格，在编辑栏中输入公式：=VDB(B2,D2,C2,0,3)。

按回车键，即可计算出该项固定资产第3年的折旧额，如图7-33
所示。

图7-33

❹ 选中B6单元格，在公式编辑栏中输入公式：=VDB(B2,D2,C2*12,6,12)。

按回车键，即可计算出该项固定资产第6～12月的折旧额，如图7-34所示。

图7-34

❺ 选中B7单元格，在公式编辑栏中输入公式：=VDB(B2,D2,C2,3,4)。

按回车键，即可计算出该项固定资产第3～4年的折旧额，如图7-35所示。

图7-35

提示

上面工作表中给定了固定资产的使用年限，因此在计算某月、某几个月的折旧额，设置life参数（资产的使用寿命）时，需要转换其计算格式。如计算月时应转换为“使用年限*12”。

例177 采用年限总和法计算出固定资产的每年折旧额

年限总和法又称合计年限法，是用固定资产的原值减去净残值后的净额乘以一个逐年递减的分数来计算每年的折旧额，这个分数的分子代表固定资产尚可使用的年数，分母代表使用年限的逐年数字总和。年限总和法计算固定资产折旧额对应的函数为SYD函数。

❶ 录入固定资产的原值、可使用年限、残值等数据到工作表中，并建立求解标识。

❷ 选中B5单元格，在编辑栏中输入公式：=SYD($B$2,$D$2,$C$2,A5)。

按回车键，即可计算出该项固定资产第1年的折旧额。

❸ 选中B5单元格，向下复制公式即可计算出该项固定资产各个年份的折旧额，如图7-36所示。

B5 =SYD($B$2, $D$2, $C$2, A5)

	A	B	C	D
1	资产名称	原值	可使用年限	残值
2	颚破机	35000	5	2000
3				
4	年限	折旧额		
5	1	¥11,000.00		
6	2	¥8,800.00		
7	3	¥6,600.00		
8	4	¥4,400.00		
9	5	¥2,200.00		

图7-36

例 178 采用直线法计算累计折旧额

根据固定资产的开始使用日期和当前日期，可以计算出该项固定资产的累计折旧额。直线法计算得来的折旧额每年、每月的值都相等，因此要计算累计折旧额，可以首先求出该项固定资产的已计提月份，然后将求得的值乘以该项固定资产每月折旧额即可。

❶ 录入各项固定资产的原值、增加日期、可使用年限、残值等数据到工作表中。

❷ 计算出固定资产已计提的月份。选中F2单元格，在编辑栏中输入公式：=INT(DAYS360(C2,TODAY())/30)。

按回车键，向下复制公式，即可根据各项固定资产的开始使用日期与当前日期计算出已计提折旧的月数，如图7-37所示。

	A	B	C	D	E	F	G
1	资产名称	原值	增加日期	可使用年限	残值	已提折旧月数	累计折旧额
2	仓库	400000	99.01.02	20	100000	130	
3	油压截断机	124000	01.10.01	10	12400	97	
4	颚破机	15000	05.11.01	5	1500	48	
5	汽车	55000	02.05.02	8	3500	90	

F2 ▼ =INT(DAYS360(C2,TODAY())/30)

图7-37

❸ 计算至上月止累计折旧额。选中G2单元格，在编辑栏中输入公式：=SLN(B2,E2,D2*12)*F2。

按回车键，向下复制公式，即可计算出各项固定资产的累计折旧额，如图7-38所示。

图7-38

例 179 采用余额递减法计算累计折旧额

由于余额递减法计算得出的折旧额每年都不相等，因此要计算出固定资产至上月止的累计折旧额，需要使用DDB函数计算出已计提月份中整年的折旧，然后再计算出去除整年之外的零散月份的折旧额，将二者相加即得到该项固定资产至上月止的累计折旧额。

❶ 录入各项固定资产的原值、增加日期、可使用年限、残值等数据到工作表中。

❷ 选中G2单元格，在编辑栏中输入公式：=VDB(B2,E2,D2,0,INT(F2/12))+DDB(B2,E2,D2,INT(F2/12)+1)/12*MOD(F2,12)。

按回车键，即可根据该项固定资产的开始使用日期与当前日期计算出累计折旧额。

❸ 选中G2单元格，向下复制公式；即可快速得到各项固定资产的累计折旧额，如图7-39所示。

G2 ▾ fx =VDB(B2,E2,D2,0,INT(F2/12))+DDB(B2,E2,D2,INT(F2/12)+1)/12*MOD(F2,12)

	A	B	C	D	E	F	G
1	资产名称	原值	增加日期	可使用年限	残值	已提折旧月数	累计折旧额
2	仓库	400000	99.01.02	20	100000	130	￥272,151.24
3	油压裁断机	124000	01.10.01	10	12400	97	￥103,542.98
4	额破机	15000	05.11.01	5	1500	48	￥13,056.00
5	汽车	55000	02.05.02	8	3500	90	￥49,273.29

图7-39

公式解析

❶ VDB(B2,E2,D2,0,INT(F2/12))，计算出整年的累计折旧额，该项固定资产已计提130个月，即10年10个月，因前这部分公式计算出0~10年的累计折旧额。

❷ DDB(B2,E2,D2,INT(F2/12)+1)/12*MOD(F2,12)，计算出零散月份折旧额，即10个月折旧额。首先用DDB计算出第11年的折旧额（"DDB(B2,E2,D2,INT(F2/12)+1)"），然后除以12表示第11年中各月折旧额（"DDB(B2,E2,D2,INT(F2/12)+1)/12"），然后再乘以F2/12的余数（"MOD(F2,12)"），即零散月份数，即可得到10个月的折旧额。

读书笔记

第 8 章 | 查找和引用函数范例应用技巧

例 **180** 用CHOOSE函数判断学生考试成绩是否合格

在学生考试成绩统计报表中，对学生成绩进行考评，总成绩大于等于210分显示为合格、小于210分显示为不合格。可以使用CHOOSE函数来设置公式。

❶ 选中F2单元格，在编辑栏中输入公式：=CHOOSE(IF(E2>=210, 1,2),"合格","不合格")。

按回车键，即可判断学生"李丽"的总成绩是否合格。

❷ 选中F2单元格，向下复制公式，即可判断其他学生的总成绩是否合格，如图8-1所示。

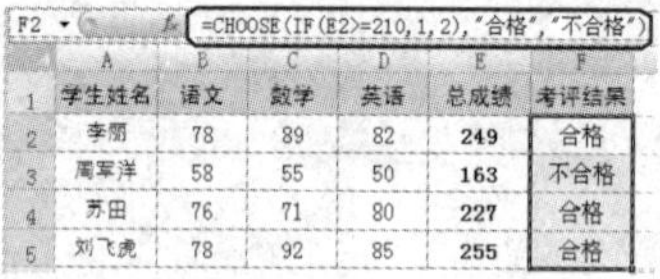

	A	B	C	D	E	F
1	学生姓名	语文	数学	英语	总成绩	考评结果
2	李丽	78	89	82	249	合格
3	周莱洋	58	55	50	163	不合格
4	苏田	76	71	80	227	合格
5	刘飞虎	78	92	85	255	合格

F2 的公式：=CHOOSE(IF(E2>=210,1,2),"合格","不合格")

图8-1

例 **181** 求取一组数据的反转数据

使用CHOOSE函数来设置公式可以求取一组数据的反转数据（即原最后一行显示为现在的第一行），具体实现方式如下。

❶ 选中D1:E5单元格区域，在编辑栏中输入公式：=CHOOSE ({1;2;3;4;5},A5:B5,A4:B4,A3:B3,A2:B2,A1:B1)，如图8-2所示。

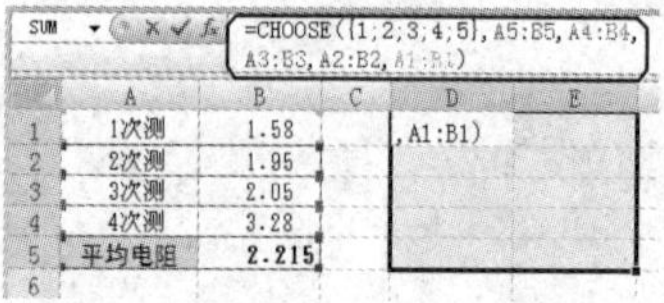

SUM 的公式：=CHOOSE({1;2;3;4;5},A5:B5,A4:B4, A3:B3,A2:B2,A1:B1)

	A	B	C	D	E
1	1次测	1.58		,A1:B1)	
2	2次测	1.95			
3	3次测	2.05			
4	4次测	3.28			
5	平均电阻	2.215			
6					

图8-2

❷ 按 "Ctrl+Shift+Enter" 组合键，即可一次性返回原数组数据的反转数组数据，如图8-3所示。

	A	B	C	D	E
				=CHOOSE({1;2;3;4;5},A5:B5,A4:B4,A3:B3,A2:B2,A1:B1)	
1	1次测	1.58		平均电阻	2.215
2	2次测	1.95		4次测	3.28
3	3次测	2.05		3次测	2.05
4	4次测	3.28		2次测	1.95
5	平均电阻	2.215		1次测	1.58
6					

图8-3

例 182 使用COLUMN函数建立有规律的三级序列编号

COLUMN函数用于返回指定引用的列标。该函数通常配合其他函数使用，单独使用不具有太大意义。本例要建立有规律的三级序列编号，其公式设置如下。

❶ 选中B2单元格，在编辑栏中输入公式：=＄A2&"-"& (COLUMN()−1)。

按回车键，即可自动返回 "1-1-1" 三级序列编号。

❷ 选中B2单元格，向右复制公式，即可自动返回有规律的三级序列编号，如图8-4所示。

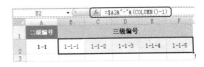

图8-4

例 183 使用ROW函数建立有规律的三级序列编号

ROW函数用于返回指定引用的行标。该函数通常配合其他函数使用，单独使用不具有太大意义。本例要建立有规律的三级序列编号，其公式设置操作如下。

❶ 选中B2单元格，在编辑栏中输入公式：=B$1&"-"&(ROW()-1)。

按回车键，即可自动返回"1-1-1"三级序列编号，如图8-5所示。

❷ 选中B2单元格，向下复制公式，即可自动返回有规律的三级序列编号，如图8-5所示。

	B2	▼	fx	=B$1&"-"&(ROW()-1)	
	A	B	C	D	E
1	二级编号	1-1			
2		1-1-1			
3		1-1-2			
4	三级编号	1-1-3			
5		1-1-4			
6		1-1-5			
7		1-1-6			
8					

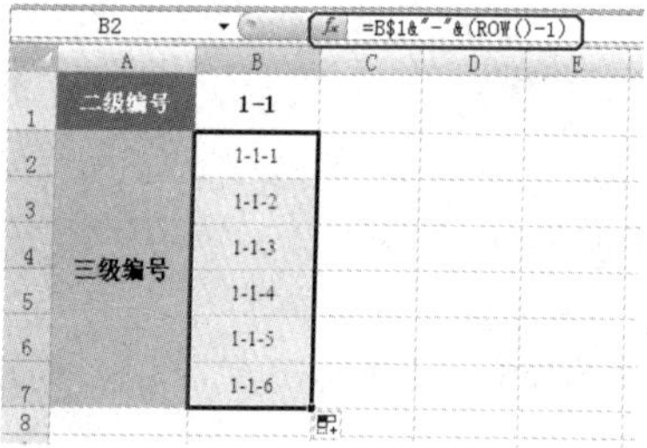

图8-5

例 184 将COLUMN函数配合其他函数使用

COLUMN函数通常配合其他函数使用，从而达到各类计算目的。本例中在进行隔列求和时就使用了COLUMN函数来指定特定列。后面用LOOKUP等函数进行查找时，也会多处用到该函数，读者可以充分体会其重要作用。

❶ 选中H2单元格，在编辑栏中输入公式：=SUM(IF(MOD(COLUMN($A2:$G2),2)=0,$B2:$G2))。

同时按下"Ctrl+Shift+Enter"组合键，可统计C2、E2、G2单元格之和，如图8-6所示。

H2 ▼ ƒx {=SUM(IF(MOD(COLUMN($A2:$G2),2)=0,$B2:$G2))}

	A	B	C	D	E	F	G	H
1	姓名	1月	2月	3月	4月	5月	6月	2\4\6月总金额
2	于淼	25.2	18.8	26.7	20.2	22.5	19.5	58.53
3	杨艺芝	22.6	19.3	24.4	18.3	24.1	19.5	
4	蔡瑞犀	25.2	20.3	18.8	19.6	22.2	22.2	

图8-6

❷ 选中H2单格,向下复制公式可分别计算出其他销售人员2、4、6月销售金额合计值,如图8-7所示。

H2 ▼ ƒx {=SUM(IF(MOD(COLUMN($A2:$G2),2)=0,$B2:$G2))}

	A	B	C	D	E	F	G	H
1	姓名	1月	2月	3月	4月	5月	6月	2\4\6月总金额
2	于淼	25.2	18.8	26.7	20.2	22.5	19.5	58.53
3	杨艺芝	22.6	19.3	24.4	18.3	24.1	19.5	57
4	蔡瑞犀	25.2	20.3	18.8	19.6	22.2	22.2	62.07

图8-7

公式解析

COLUMN函数用于返回给定单元格的列序号,比如A2单元格的列序号为1,C2单元格的列序号为3,依次类推。因此公式"IF(MOD(COLUMN($A2:$G2),2)=0"表示在A列至G列之间,对列序号进行判断。

例 185 ROW函数配合其他函数使用

ROW函数通常配合其他函数使用,从而达到各类计算目的。例如本例中在进行隔行求和时就使用了ROW函数来指定特定行。

选中B7单格,在编辑栏中输入公式:=SUM(IF(MOD(ROW($A1:$A17),4)=0,$B2:$B17))。

按"Ctrl+Shift+Enter"组合键,可统计B5、B9、B13、B17单元格之和,如图8-8所示。

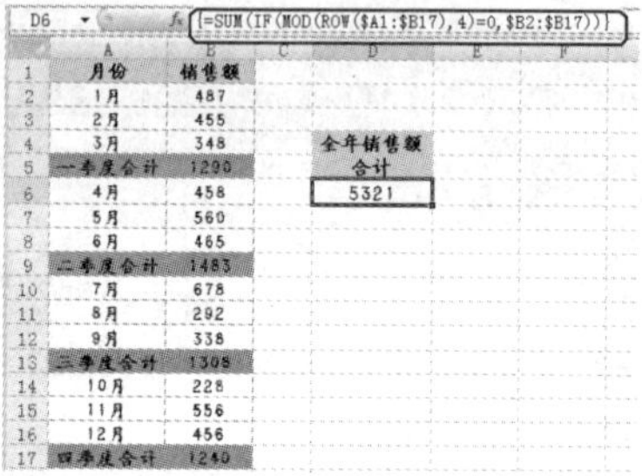

D6 {=SUM(IF(MOD(ROW($A1:$B17),4)=0,$B2:$B17))}

	A	B	C	D	E	F
1	月份	销售额				
2	1月	487				
3	2月	455				
4	3月	348		全年销售额合计		
5	一季度合计	1290				
6	4月	458		5321		
7	5月	560				
8	6月	465				
9	二季度合计	1483				
10	7月	678				
11	8月	292				
12	9月	338				
13	三季度合计	1308				
14	10月	228				
15	11月	556				
16	12月	456				
17	四季度合计	1240				

图8-8

公式解析

公式“IF(MOD(ROW($A1:$B17),4)”表示判断ROW($A1:$B17)返回的数值中哪些是4的倍数，当为4的倍数时返回TURE，即可以参与下一步的求和运算。

例186 使用ROW函数自动控制要显示的行数

在建立工作表时，通常需要通过公式控制某些单元格值的显示。举个例子说，本例工作表中显示了贷款金额、贷款年限等数据，现在要根据贷款年限计算各期偿还金额，因此需要在工作表中建立“年份”列，进而进行计算。当贷款年限发生变化时，“年份”列的年限也做相应改变。具体方法如下。

❶ 当前工作表的B2单元格中显示了贷款年限。选中A5单元格，在编辑栏中输入公式：=IF(ROW()-ROW($A$4)<=$B$2,ROW()-ROW($A$4),"")。

按回车键，向下复制公式（可以超出贷款年限向下多复制一些单元格），可以看到实际显示年份值与B2单元格中指定期数相等，如图8-9所示。

| A5 | ▼ | fx | =IF(ROW()-ROW($A$4)<=$B$2, ROW()-ROW($A$4),"") |

	A	B	C	D
1	借款金额(万)	借款期限(年)	借款年利率	
2	100	4	7.47%	
3				
4	年份	年偿还额		
5	1			
6	2			
7	3			
8	4			
9				
10				
11				

图8-9

❷ 更改B2单元格的贷款年限，"年份"列则会相应改变，如图8-10所示。

| A10 | ▼ | fx | =IF(ROW()-ROW($A$4)<=$B$2, ROW()-ROW($A$4),"") |

	A	B	C	D
1	借款金额(万)	借款期限(年)	借款年利率	
2	100	6	7.47%	
3				
4	年份	年偿还额		
5	1			
6	2			
7	3			
8	4			
9	5			
10	6			
11				

图8-10

公式解析

判断当前行行标减去$A$4行的行标是否小于等于B2单元格的值（即贷款年限），如果是，则返回当前行标与$A$4行行标的差；否则，返回空值。

例 187 使用LOOKUP函数进行查询（向量型）

在档案管理表、销售管理表等数据表中，通常都需要进行大量的

159
随手查

数据查询操作。本例通过LOOKUP函数建立公式，实现输入编号后即可查询相应信息（为方便显示，只列举有限条数的记录）。

❶ 建立相应查询列标识，并输入要查询的编号，如图8-11所示。

	A	B	C	D
1	员工编号	员工姓名	总销售额(万)	名次
2	PR_001	黄嘉	35.25	5
3	PR_002	区菲妮	51.50	3
4	PR_003	江小丽	75.81	1
5	PR_004	麦子聪	62.22	2
6	PR_005	叶雯静	45.80	4
7				
8	查询员工编号	员工姓名	总销售额(万)	名次
9	PR_004			

图8-11

❷ 选中B9单元格，在编辑栏中输入公式：=LOOKUP($A$9,$A$2:$A$6,B$2:B$6)。

按回车键，即可得到编号为"PR_004"的员工姓名。

❸ 选中B9单元格，向右复制公式，即可得到该编号员工的其他相关销售信息，如图8-12所示。

B9	▼	fx	=LOOKUP($A$9,$A$2:$A$6,B$2:B$6)	
	A	B	C	D
1	员工编号	员工姓名	总销售额(万)	名次
2	PR_001	黄嘉	35.25	5
3	PR_002	区菲妮	51.50	3
4	PR_003	江小丽	75.81	1
5	PR_004	麦子聪	62.22	2
6	PR_005	叶雯静	45.80	4
7				
8	查询员工编号	员工姓名	总销售额(万)	名次
9	PR_004	麦子聪	62.22	2

图8-12

❹ 查询其他员工销售信息时,只需要在A9单元格中重新输入查询编号,即可实现快速查询,如图8-13所示。

	A	B	C	D
1	员工编号	员工姓名	总销售额(万)	名次
2	PR_001	黄嘉	35.25	5
3	PR_002	区菲娅	51.50	3
4	PR_003	江小丽	75.81	1
5	PR_004	麦子聪	62.22	2
6	PR_005	叶雯静	45.80	4
7				
8	查询员工编号	员工姓名	总销售额(万)	名次
9	PR_002	区菲娅	51.5	3

图8-13

公式解析

LOOKUP函数具有两种语法形式:向量型和数组型。

向量是指含有一行或一列的区域。LOOKUP函数的向量型是指在单行区域或单列区域(称为"向量")中查找值,然后返回第二个单行区域或单列区域中相同位置的值。

例 **188** 使用LOOKUP函数进行查询(数组型)

LOOKUP函数有两种语法形式,除了上面介绍的向量型,另一种是数组型。LOOKUP函数的数组型语法是在数组的第一行或第一列中查找指定数值,然后返回最后一行或最后一列中相同位置处的数值。

❶ 建立相应查询列标识,并输入要查询的编号。

❷ 选中B9单元格,在编辑栏中输入公式:=LOOKUP($A$9,$A2:B6)。

按回车键,即可得到编号为"PR_004"的员工姓名,如图8-14所示。

图8-14

❸ 选中B9单元格，向右复制公式，即可得到该编号员工的其他相关销售信息，如图8-15所示。

图8-15

例 189 使用HLOOKUP函数自动判断并获取数据

本例中列出了不同的值班类别所对应的工资标准。现在要根据统计表中的值班类别自动返回应计工资，此时可以使用HLOOKUP函数。该函数用于在表格或数值数组的首行查找指定的数值，并返回表格或数组当前列中指定行处的数值。

❶ 根据不同的值班类别建立工资标准表，将实际值班数据输入到工作表中，如图8-16所示。

❷ 选中F7单元格，在编辑栏中输入公式：=HLOOKUP(E7,$A$3:$F$4,2,0)。

按回车键，即可根据日期类别返回相应的工资标准，如图8-16所示。

F7 =HLOOKUP(E7,$A$3:$F$4,2,0)

	A	B	C	D	E	F
1	员工值班工资标准					
2	值班日期	2008-1-1	1月2日~3日	5月1日~2日	5月3日~7日	双休日
3	日期类别	长假开始初	长假后期	长假开始初	长假后期	双休日
4	每日工资	300	220	300	220	180
5						
6	员工编号	姓名	值班日期	值班天数	日期类别	工资标准
7	PR_001	黄嘉	2008-1-2	1	长假后期	220
8	PR_002	区菲娅	2008-1-3	1	长假后期	
9	PR_003	江小丽	2008-5-1~5-2	2	长假开始初	
10	PR_004	麦子聪	2008-5-4~5-7	4	长假后期	
11	PR_005	叶雯静	2008-7-20	1	双休日	
12	PR_006	李洋	2008-8-3	1	双休日	

图8-16

❸ 选中F7单元格，向下复制公式即可得到其他员工加班类别所对应的工资标准，如图8-17所示，选中了F9单元格，读者可对公式进行比较。

F9 =HLOOKUP(E9,$A$3:$F$4,2,0)

	A	B	C	D	E	F
1	员工值班工资标准					
2	值班日期	2008-1-1	1月2日~3日	5月1日~2日	5月3日~7日	双休日
3	日期类别	长假开始初	长假后期	长假开始初	长假后期	双休日
4	每日工资	300	220	300	220	180
5						
6	员工编号	姓名	值班日期	值班天数	日期类别	工资标准
7	PR_001	黄嘉	2008-1-2	1	长假后期	220
8	PR_002	区菲娅	2008-1-3	1	长假后期	220
9	PR_003	江小丽	2008-5-1~5-2	2	长假开始初	300
10	PR_004	麦子聪	2008-5-4~5-7	4	长假后期	220
11	PR_005	叶雯静	2008-7-20	1	双休日	180
12	PR_006	李洋	2008-8-3	1	双休日	180

图8-17

例190 使用HLOOKUP函数实现查询

本例中统计了学生各科目成绩，现在想建立一个查询表，查询指定科目的成绩，可以使用HLOOKUP函数来设置公式。

❶ 在工作表中建立查询表（也可以在其他工作表中建立），如图8-18所示。

	A	B	C	D	E	F	G	H	I	J
1	学号	姓名	语文	数学	英语	总分		成绩查询		数学
2	T021	黄嘉	615	585	615	1815				
3	T100	区菲娅	496	629	574	1699		T021	黄嘉	
4	T058	江小丽	536	607	602	1745		T100	区菲娅	
5	T007	麦子聪	564	607	594	1765		T058	江小丽	
6	T059	叶雯静	509	611	606	1726		T007	麦子聪	
7	T036	李洋	578	581	546	1705		T059	叶雯静	
8	T031	张东	550	594	627	1771		T036	李洋	
9	T033	刘力菲	523	573	554	1650		T031	张东	
10	T060	李季	496	603	610	1709		T033	刘力菲	
11								T060	李季	

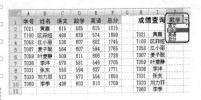

图8-18

❷ 选中J3单元格，在编辑栏中输入公式：=HLOOKUP($J$1,$C$1:$F$10,ROW(A2),FALSE)。

按回车键即可根据J1单元格的科目返回第一个成绩，向下复制J3单元格的公式，可依次得到其他学生的成绩，如图8-19所示。

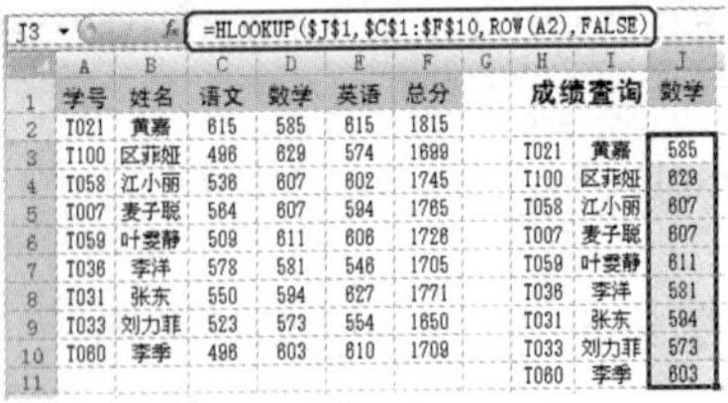

J3 =HLOOKUP($J$1,$C$1:$F$10,ROW(A2),FALSE)

	A	B	C	D	E	F	G	H	I	J
1	学号	姓名	语文	数学	英语	总分		成绩查询		数学
2	T021	黄嘉	615	585	615	1815				
3	T100	区菲娅	496	629	574	1699		T021	黄嘉	585
4	T058	江小丽	536	607	602	1745		T100	区菲娅	629
5	T007	麦子聪	564	607	594	1765		T058	江小丽	607
6	T059	叶雯静	509	611	606	1726		T007	麦子聪	607
7	T036	李洋	578	581	546	1705		T059	叶雯静	611
8	T031	张东	550	594	627	1771		T036	李洋	581
9	T033	刘力菲	523	573	554	1650		T031	张东	594
10	T060	李季	496	603	610	1709		T033	刘力菲	573
11								T060	李季	603

图8-19

❸ 当需要查询其他科目成绩时，只需要在J1单元格中选择相应科目即可，如图8-20所示。

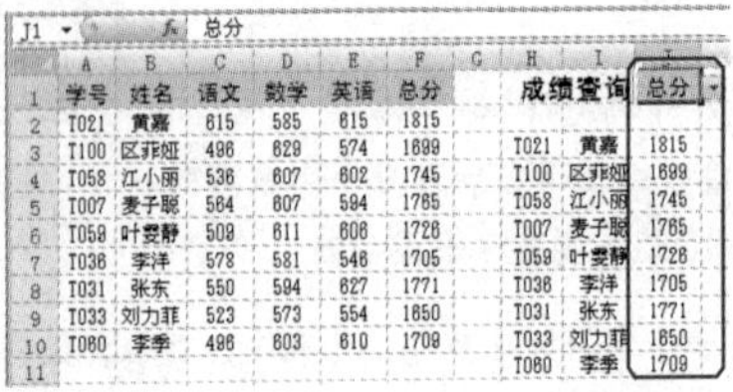

J1 总分

	A	B	C	D	E	F	G	H	I	J
1	学号	姓名	语文	数学	英语	总分		成绩查询		总分
2	T021	黄嘉	615	585	615	1815				
3	T100	区菲娅	496	629	574	1699		T021	黄嘉	1815
4	T058	江小丽	536	607	602	1745		T100	区菲娅	1699
5	T007	麦子聪	564	607	594	1765		T058	江小丽	1745
6	T059	叶雯静	509	611	606	1726		T007	麦子聪	1765
7	T036	李洋	578	581	546	1705		T059	叶雯静	1726
8	T031	张东	550	594	627	1771		T036	李洋	1705
9	T033	刘力菲	523	573	554	1650		T031	张东	1771
10	T060	李季	496	603	610	1709		T033	刘力菲	1650
11								T060	李季	1709

图8-20

公式解析

本例公式中使用了"ROW(A2)"来返回HLOOKUP函数的
row_index_num参数（即要返回的行序号），"ROW(A2)"返回
值为2，即该单元格要返回$C$1:$F$10单元格区域第2行的值。向
下复制公式时，可以看到"ROW(A2)"变成了"ROW(A3)"，即
返回$C$1:$F$10单元格区域第3行的值。采用这一方法可以避免手
工输入要返回的行标，从而为公式的复制带来便利。

例 191 使用VLOOKUP函数进行查询

VLOOKUP函数用于在表格或数组的首列查找指定的值，并返回
表格或数组当前行中其他列的值。例如要实现根据编号查询指定员工
的销售数据，使用VLOOKUP函数的操作如下。

❶ 建立相应查询列标识，并输入要查询的编号。

❷ 选中B9单元格，在编辑栏中输入公式：=VLOOKUP($A$9,$
A$2:$D$6,COLUMN(B1),FALSE)。

按回车键，即可得到编号为"PR_004"的员工姓名，如图8-21
所示。

B9	▼	fx	=VLOOKUP($A$9,$A$2:$D$6,COLUMN(B1),FALSE)		
	A	B	C	D	E
1	员工编号	员工姓名	总销售额(万)	名次	
2	PR_001	黄嘉	35.25	5	
3	PR_002	区邗娅	51.50	3	
4	PR_003	江小丽	75.81	1	
5	PR_004	麦子聪	62.22	2	
6	PR_005	叶雯静	45.80	4	
7					
8	员工编号	员工姓名	总销售额(万)	名次	
9	PR_004	麦子聪			

图8-21

❸ 选中B9单元格，向右复制公式，即可得到该编号员工的其他
相关销售信息，如图8-22所示，选中了C9单元格，读者可对公式进行
比较。

| C9 | ▼ | f_x | =VLOOKUP($A$9,$A$2:$D$6,COLUMN(C1),FALSE) |

	A	B	C	D	E
1	员工编号	员工姓名	总销售额(万)	名次	
2	PR_001	黄嘉	36.25	5	
3	PR_002	区菲妲	51.50	3	
4	PR_003	江小丽	75.81	1	
5	PR_004	麦子聪	62.22	2	
6	PR_005	叶雯静	45.80	4	
7					
8	员工编号	员工姓名	总销售额(万)	名次	
9	PR_004	麦子聪	62.22	2	

图8-22

> **提示**
>
> 本例公式中使用了"COLUMN(B1)"来返回VLOOKUP函数的col_index_num参数（即要返回的列序号），"COLUMN(B1)"返回值为2，即该单元格要返回 $A$2:$D$6单元格区域第2列的值。向右复制公式时，可以看到"COLUMN(B1)"变成了"COLUMN(C1)"，即返回 $A$2:$D$6单元格区域第3列的值。采用这一方法可以避免手工输入要返回的列序号，从而为公式的复制带来便利。

例 192 使用VLOOKUP函数合并两张表的数据

本例中分别统计了学生的两项成绩，但是两张表格中统计顺序却不相同，如图8-23所示，现在要将两张表格合并为一张表格。

	A	B	C	D	E
1	姓名	语标		姓名	数标
2	黄嘉	615		江小丽	585
3	区菲妲	496		李洋	629
4	江小丽	536		区菲妲	607
5	麦子聪	564		张东	607
6	叶雯静	509		麦子聪	611
7	李洋	578		叶雯静	581
8	张东	550		李季	594
9	刘力菲	523		刘力菲	573
10	李季	496		黄嘉	603

图8-23

❶ 直接复制第一张表格，然后建立"数标"列，如图8-24所示。

	A	B	C	D	E	F	G	H	I
1	姓名	语标		姓名	数标		姓名	语标	数标
2	黄嘉	615		江小丽	585		黄嘉	615	
3	区菲娅	498		李洋	629		区菲娅	498	
4	江小丽	536		区菲娅	607		江小丽	536	
5	麦子聪	564		张东	607		麦子聪	564	
6	叶雯静	509		麦子聪	611		叶雯静	509	
7	李洋	578		叶雯静	581		李洋	578	
8	张东	550		李季	594		张东	550	
9	刘力菲	523		刘力菲	573		刘力菲	523	
10	李季	498		黄嘉	803		李季	498	

图8-24

❷ 选中I2单元格，输入公式：=VLOOKUP(G2,$D$2:$E$10,2, FALSE)。

按回车键即可根据G2单元格中的姓名返回其"数标"成绩，如图8-25所示。

❸ 选中I2单元格，向下复制公式，即可得到其他学生的"数标"成绩。

I2	▼		fx	=VLOOKUP(G2,$D$2:$E$10,2,FALSE)				
	A	B	C	D	E	F	G	H	I
1	姓名	语标		姓名	数标		姓名	语标	数标
2	黄嘉	615		江小丽	585		黄嘉	615	803
3	区菲娅	498		李洋	629		区菲娅	498	607
4	江小丽	536		区菲娅	607		江小丽	536	585
5	麦子聪	564		张东	607		麦子聪	564	611
6	叶雯静	509		麦子聪	611		叶雯静	509	581
7	李洋	578		叶雯静	581		李洋	578	629
8	张东	550		李季	594		张东	550	607
9	刘力菲	523		刘力菲	573		刘力菲	523	573
10	李季	498		黄嘉	803		李季	498	594

图8-25

例 193 使用VLOOKUP函数进行反向查询

本例中统计了基金的相关数据。现在要根据买入基金的代码（显示在最右列）来查找最新的净值，可以使用VLOOKUP函数来实现。

❶ 建立表格如图8-26所示（查询表格可以位于其他工作表中，本例为便于读者查看，安排在同一张表格中）。

❷ 选中D10单元格，在编辑栏中输入公式：=VLOOKUP(A10,IF({1,0},$D$2:$D$7,$B$2:$B$7),2,)。

按回车键，即可根据A10单元格的基金代码从B2:B7单元格区域找到其最新净值。

❸ 选中D10单元格，向下复制公式，即可得到其他基金代码的最新净值，如图8-26所示。

	A	B	C	D	E	F	G	H
	D10		fx	=VLOOKUP(A10,IF({1,0},$D$2:$D$7,$B$2:$B$7),2,)				
1	日期	最新净值	累计净值	基金代码				
2	09-1-10	1.7086	3.2486	240002				
3	09-1-10	1.3883	3.046	240001				
4	09-1-10	1.2288	1.3988	240003				
5	09-1-10	1.4134	1.4134	213003				
6	09-1-10	1.0148	2.6083	213002				
7	09-1-10	1.1502	2.7902	213001				
8								
9	基金代码	购买金额	买入价格	市场净值	持有份额	市值	利润	
10	240003	20000.00	1.100	1.2288	5000.25	6144.31	644.03	
11	213002	5000.00	0.876	1.0148	1500.69	1522.90	208.90	
12	240002	20000.00	0.999	1.7086	5600.00	9568.16	3974.88	
13	213001	10000.00	0.994	1.1502	800.59	920.84	124.73	

图8-26

例 194 使用MATCH函数返回指定元素所在位置

MATCH函数用于返回在指定方式下与指定数值匹配的数组中元素的相应位置。该函数一般与其他函数配合使用，单独使用不具太大意义。通过本例可帮助读者了解该函数的工作原理。

❶ 选中B8单元格，在编辑栏中输入公式：=MATCH(A8,B1:B6,0)。

按回车键返回A8单元格数据在B1:B6单元格区域中的行数，即第4行，如图8-27所示。

B8	▼	f_x	=MATCH(A8,B1:B6,0)	
	A	B	C	D
1	员工编号	员工姓名	总销售额(万)	名次
2	PR_001	黄嘉	35.25	5
3	PR_002	区菲妲	51.50	3
4	PR_003	江小丽	75.81	1
5	PR_004	麦子聪	62.22	2
6	PR_005	叶雯静	45.60	4
7				
8	江小丽	4		
9	总销售额(万)			

图8—27

❷ 选中B9单元格,在编辑栏中输入公式:=MATCH(A9,A1:D1,0)。

按回车键,返回A9单元格数据在A1:D1单元格区域中的列数,即第3列,如图8—28所示。

B9	▼	f_x	=MATCH(A9,A1:D1,0)	
	A	B	C	D
1	员工编号	员工姓名	总销售额(万)	名次
2	PR_001	黄嘉	35.25	5
3	PR_002	区菲妲	51.50	3
4	PR_003	江小丽	75.81	1
5	PR_004	麦子聪	62.22	2
6	PR_005	叶雯静	45.60	4
7				
8	江小丽	4		
9	总销售额(万)	3		

图8—28

例 195 使用INDEX函数实现查找

INDEX函数返回数据清单或数组中的元素值,此元素由行序号和列序号的索引值给定。例如在学生成绩统计报表中,要按指定条件查找学生某项成绩,可以使用INDEX函数按如下方法来设置公式。

❶ 选中C9单元格,在编辑栏中输入公式:=INDEX(B2:F7,2,4)。

按回车键即可返回区菲娅的英语成绩，如图8-29所示。

C9	▼	f_x	=INDEX(B2:F7,2,4)		
	A	B	C	D	E	F
1	学号	姓名	语文	数学	英语	总分
2	T021	黄嘉	615	585	615	1815
3	T100	区菲娅	496	629	574	1899
4	T058	江小丽	536	607	602	1745
5	T007	麦子聪	584	607	594	1785
6	T059	叶雯静	509	611	608	1728
7	T036	李洋	578	581	546	1705
8						
9	区菲娅的英语成绩		574			
10	麦子聪的总分					

图8-29

❷ 选中C10单元格，在编辑栏中输入公式：=INDEX(B2:F7,4,5)。

按回车键即可返回麦子聪的总分，如图8-30所示。

C10	▼	f_x	=INDEX(B2:F7,4,5)		
	A	B	C	D	E	F
1	学号	姓名	语文	数学	英语	总分
2	T021	黄嘉	615	585	615	1815
3	T100	区菲娅	496	629	574	1899
4	T058	江小丽	536	607	602	1745
5	T007	麦子聪	584	607	594	1785
6	T059	叶雯静	509	611	608	1728
7	T036	李洋	578	581	546	1705
8						
9	区菲娅的英语成绩		574			
10	麦子聪的总分		1765			

图8-30

公式解析

INDEX函数包含"row_num"（为数组中某行的行序号，函数从该行返回数值）与"column_num"（为数组中某列的列序号，函数从该列返回数值）两个参数。这两个参数在公式的实际应用中通常是嵌套其他函数来返回相应的值，直接指定要返回的行号与列号一般不具太大意义。

170

例 196　配合使用INDEX与MATCH函数实现查询

MATCH函数用于返回在指定方式下与指定数值匹配的数组中元素的相应位置，而INDEX函数用于返回行序号和列序号指定的值；因此使用MATCH函数返回要查看对象的位置后，可以使用INDEX函数返回这个位置的值。因此这两个函数通常配合起来实现查找操作。

例如要根据编号查询指定员工的销售数据，使用INDEX函数与MATCH函数的操作如下。

❶ 建立相应查询列标识，并输入要查询的编号。

❷ 选中B9单元格，在编辑栏中输入公式：=INDEX($A2:$D6,MATCH($A9,$A2:$A6,0),COLUMN(B1))。

按回车键，即可得到编号为"PR_004"的员工姓名，如图8-31所示。

B9	=INDEX($A2:$D6,MATCH($A9,$A2:$A6,0), COLUMN(B1))

	A	B	C	D	E
1	员工编号	员工姓名	总销售额(万)	名次	
2	PR_001	黄嘉	35.25	5	
3	PR_002	区菲妮	51.50	3	
4	PR_003	江小丽	75.81	1	
5	PR_004	麦子聪	62.22	2	
6	PR_005	叶雯静	45.80	4	
7					
8	查询员工编号	员工姓名	总销售额(万)	名次	
9	PR_004	麦子聪			

图8-31

❸ 选中B9单元格，向右复制公式，即可得到该编号员工的其他相关销售信息，如图8-32所示，选中了C9单元格，读者可对公式进行比较。

```
C9 ▼    fx  =INDEX($A2:$D6,MATCH($A9,$A2:$A6,0),
            COLUMN(C1))
```

	A	B	C	D	E
1	员工编号	员工姓名	总销售额（万）	名次	
2	PR_001	黄嘉	35.25	5	
3	PR_002	区菲娅	51.50	3	
4	PR_003	江小丽	75.81	1	
5	PR_004	麦子聪	82.22	2	
6	PR_005	叶雯静	45.60	4	
7					
8	查询员工编号	员工姓名	总销售额（万）	名次	
9	PR_004	麦子聪	82.22	2	

图8-32

❹ 查询其他员工销售信息时，只需要在A9单元格中重新输入编号可实现快速查询，如图8-33所示。

	A	B	C	D	E
1	员工编号	员工姓名	总销售额（万）	名次	
2	PR_001	黄嘉	35.25	5	
3	PR_002	区菲娅	51.50	3	
4	PR_003	江小丽	75.81	1	
5	PR_004	麦子聪	82.22	2	
6	PR_005	叶雯静	45.60	4	
7					
8	查询员工编号	员工姓名	总销售额（万）	名次	
9	PR_002	区菲娅	51.5	3	

图8-33

例 197 配合使用INDEX与MATCH函数实现双条件查询

本例中统计了几个专柜1月、2月、3月的销售金额（为求解方便，只列举有限条数的记录）。现在要查询特定专柜、特定月份的销售金额，可以使用INDEX与MATCH函数实现双条件查询。

❶ 首先设置好查询条件，本例在A7、B7单元格中输入要查询的月份与专柜。

❷ 选中C7单元格，在编辑栏中输入公式：=INDEX(B2:D4,MATCH(B7,A2:A4,0),MATCH(A7,B1:D1,0))。

按回车键，可以返回2月份中辰体育的销售金额，如图8-34所示。

	A	B	C	D
	C7			=INDEX(B2:D4,MATCH(B7,A2:A4,0) MATCH(A7,B1:D1,0))
1	专柜	1月	2月	3月
2	百大专柜	5456	8208	3283
3	瑞景专柜	8410	7380	6952
4	中辰体育	7320	5760	5304
5				
6	月份	专柜	金额	
7	2月	中辰体育	5760	

图8-34

❸ 在A7、B7单元格中输入其他要查询的条件，可查询其相应销售金额，如图8-35所示。

	A	B	C	D
1	专柜	1月	2月	3月
2	百大专柜	5456	8208	3283
3	瑞景专柜	8410	7380	6952
4	中辰体育	7320	5760	5304
5				
6	月份	专柜	金额	
7	3月	瑞景专柜	6952	

图8-35

例 198 配合使用INDEX与MATCH函数实现反向查询

本例中统计了学生各科目成绩，现在要查询出最高总分对应的学号。可以使用INDEX与MATCH函数配合来设置公式。

选中C12单元格，在编辑栏中输入公式：=INDEX(A2:A10, MATCH(MAX(F2:F10),F2:F10,))。

按回车键，即可得到最高总分对应的学号，如图8-36所示。

C12 =INDEX(A2:A10,MATCH(MAX(F2:F10),F2:F10,))

	A	B	C	D	E	F
1	学号	姓名	语标	数标	英标	总分
2	T021	黄嘉	615	585	615	1815
3	T100	区菲娅	496	629	574	1699
4	T058	江小丽	536	607	602	1745
5	T007	麦子聪	564	607	594	1765
6	T059	叶雯静	619	611	606	1836
7	T036	李洋	578	581	546	1705
8	T031	张东	550	594	627	1771
9	T033	刘力菲	523	573	554	1650
10	T060	李季	496	603	610	1709
11						
12	查询总分最高的学号		T059			

图8-36

例199 使用INDEX配合其他函数查询出满足同一条件的所有记录

本例中统计了各个店面的销售情况（为方便显示，只列举部分记录），现在要实现将某一个店面的所有记录都依次显示出来。我们可以使用INDEX函数配合SMALL和ROW函数来实现。

❶ 在工作表中建立查询表（也可以在其他工作表中建立，本例为方便读者查看所以在当前工作表中建立），如图8-37所示。

	A	B	C	D	E	F	G	H	I
1	店面	品牌	数量	金额		选择查询店面		总店	
2	一分店	男式毛衣	2	550					
3	总店	男式毛衣	2	456		店面	品牌	数量	金额
4	一分店	女式针织衫	3	325					
5	总店	男式毛衣	3	680					
6	二分店	女式连衣裙	1	125					
7	总店	女式针织衫	10	1432					
8	二分店	女式连衣裙	15	1482					
9	总店	女式针织衫	11	1500					
10	二分店	男式毛衣	20	2000					
11	总店	女式连衣裙	10	988					

图8-37

❷ 选中F4:F11单元格区域（根据当前记录的多少来选择，比如当前销售记录非常多，为了一次显示某一店面的所有记录，则需要向下多选取一些单元格），在编辑栏中输入公式：=IF(ISERROR(SMALL(IF(($A$2:$A$11=$H$1),ROW(2:11)),ROW(1:11))),"",INDEX(A:A,SMALL(IF(($A$2:$A$11=$H$1),ROW(2:11)),ROW(1:11))))。

同时按“Ctrl+Shift+Enter”组合键，可一次性将A列中所有等于

H1单元格中指定的店面的记录都显示出来，如图8-38所示。

F4 {=IF(ISERROR(SMALL(IF(($A$2:$A$11=$H$1),ROW(2:11)),ROW(1:11))),"",INDEX(A:A,SMALL(IF(($A$2:$A$11=$H$1),ROW(2:11)),ROW(1:11))))}

	A	B	C	D	E	F	G	H	I
1	店面	品牌	数量	金额		选择查询店面		总店	
2	一分店	男式毛衣	2	550					
3	总店	男式毛衣	2	456		店面	品牌	数量	金额
4	一分店	女式针织衫	3	325		总店			
5	总店	男式毛衣	3	680		总店			
6	二分店	女式连衣裙	1	125		总店			
7	总店	女式针织衫	10	1432		总店			
8	二分店	女式连衣裙	15	1482		总店			
9	总店	女式针织衫	11	1500					
10	二分店	男式毛衣	20	2000					
11	总店	女式连衣裙	10	968					

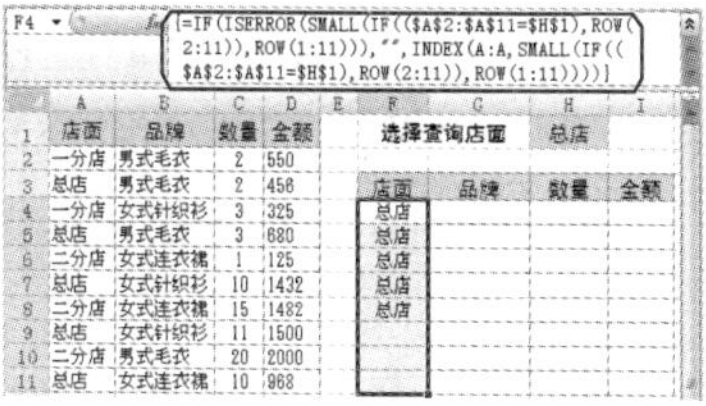

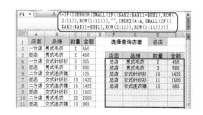

图8-38

❸ 选中F4:F11单元格区域，将光标定位到向下角，出现黑色十字形时按住鼠标左键向右拖动，完成公式的复制，即可得到H1单元格中指定店面的所有记录，如图8-39所示。

F4 {=IF(ISERROR(SMALL(IF(($A$2:$A$11=$H$1),ROW(2:11)),ROW(1:11))),"",INDEX(A:A,SMALL(IF(($A$2:$A$11=$H$1),ROW(2:11)),ROW(1:11))))}

	A	B	C	D	E	F	G	H	I
1	店面	品牌	数量	金额		选择查询店面		总店	
2	一分店	男式毛衣	2	550					
3	总店	男式毛衣	2	456		店面	品牌	数量	金额
4	一分店	女式针织衫	3	325		总店	男式毛衣	2	456
5	总店	男式毛衣	3	680		总店	男式毛衣	3	680
6	二分店	女式连衣裙	1	125		总店	女式针织衫	10	1432
7	总店	女式针织衫	10	1432		总店	女式针织衫	11	1500
8	二分店	女式连衣裙	15	1482		总店	女式连衣裙	10	968
9	总店	女式针织衫	11	1500					
10	二分店	男式毛衣	20	2000					
11	总店	女式连衣裙	10	968					

图8-39

❹ 查询其他店面的销售记录时，只需要在H1单元格中重新输入店面名称即可（可以通过数据有效性功能设置选择序列），如图8-40所示。

	A	B	C	D	E	F	G	H	I
1	店面	品牌	数量	金额		选择查询店面		二分店	
2	一分店	男式毛衣	2	550					
3	总店	男式毛衣	2	456		店面	品牌	数量	金额
4	一分店	女式针织衫	3	325		二分店	女式连衣裙	1	125
5	总店	男式毛衣	3	680		二分店	女式连衣裙	15	1482
6	二分店	女式连衣裙	1	125		二分店	男式毛衣	20	2000
7	总店	女式针织衫	10	1432					
8	二分店	女式连衣裙	15	1482					
9	总店	女式针织衫	11	1500					
10	二分店	男式毛衣	20	2000					
11	总店	女式连衣裙	10	968					

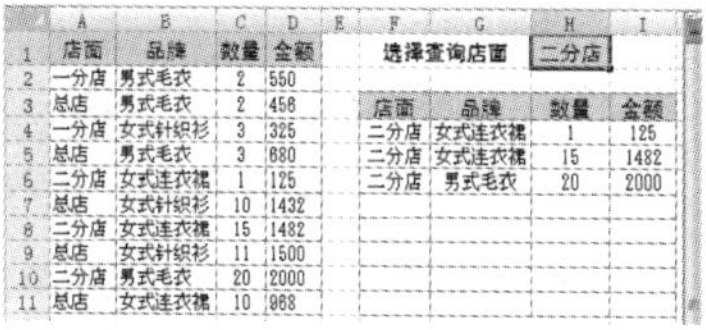

图8-40

例 200 引用其他工作表中的单元格的数据

若要在当前工作表中引用其他工作表中指定单元格的值，可以配合INDIRECT函数和ADDRESS函数来实现。

例如，要引用Sheet2!工作表的A1单元格的值，可以输入公式：=INDIRECT("Sheet2!"&ADDRESS(1,1))。

再如，要引用Sheet2!工作表的C5单元格的值，可以输入公式：=INDIRECT("Sheet2!"&ADDRESS(5,3))。

例 201 使用OFFSET函数实现动态查询

本例中统计了学生各科目成绩，现在可以利用一个动态序号来实现各科目成绩的查询，公式的设置需要使用OFFSET函数。该函数以指定的引用为参照系，通过给定偏移量得到新的引用。返回的引用可以为一个单元格或单元格区域，并可以指定返回的行数或列数。

❶ 在工作表中建立查询表（也可以在其他工作表中建立），在J1单元格中输入序号"1"，如图8-41所示。

	A	B	C	D	E	F	G	H	I	J
1	学号	姓名	语标	数标	英标	总分		成绩查询		1
2	T021	黄嘉	615	585	615	1815				
3	T100	区菲娅	498	629	574	1699		学号	姓名	
4	T058	江小丽	538	607	602	1745		T021	黄嘉	
5	T007	麦子聪	584	607	594	1785		T100	区菲娅	
6	T059	叶雯静	509	811	806	1726		T058	江小丽	
7	T036	李洋	578	581	546	1705		T007	麦子聪	
8	T031	张东	550	594	627	1771		T059	叶雯静	
9	T033	刘力菲	523	573	554	1650		T036	李洋	
10	T060	李季	498	803	810	1709		T031	张东	
11								T033	刘力菲	
12								T060	李季	

图8-41

❷ 选中J3单元格，在编辑栏中输入公式：=OFFSET(B1,0,$J$1)。

按回车键即可根据J1单元格中的值确定偏移量，以B1为参照，向下偏移0行，向右偏移1列，因此返回标识项为"语标"，如图8-42所示。

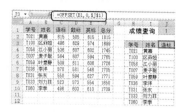

图8-42

❸　选中J3单元格，向下复制公式，即可根据J1单元格中的数值来确定偏移量，返回各学生的成绩，如图8-43所示，选中了J7单元格，读者可比较一下公式。

图8-43

❹　完成公式的设置之后，当J1单元格中变量更改时，J3:J12单元格的值也会做相应改变（因为指定的偏移量改变了），从而实现动态查询。例如在J1单元格中输入"3"，其返回值如图8-44所示。

图8-44

提示

在创建动态图表数据源时，常使用OFFSET函数来实现。

例 202 INDEX、OFFSET、INDIRECT几个函数的区别

用通俗的语言解释如下：

INDEX函数是在已知某个数组或区域的情况下，以序号（或行号和列号）去获得数组或区域中的某个值；

OFFSET函数是在已知某个区域的情况下，以一些参数去改变这个区域的位置和大小；

INDIRECT函数是将某个看起来像单元格地址或区域的字符串转换成真正的单元格地址或区域。

例 203 使用TRANSPOSE函数实现行列转置

若要将表格中的行、列标识项转置，可以使用TRANSPOSE函数来实现。

❶ 选中A6:D6单元格区域，在编辑栏中输入公式：=TRANSPOSE(A1:A4)。

按"Ctrl+Shift+Enter"组合键，即可将原行标识项转置为列标识项，如图8-45所示。

A6	▼	fx =TRANSPOSE(A1:A4)		
	A	B	C	D
1	品名	含毛量90%	含毛量80%	含毛量70%
2	男式毛衣	539	432	358
3	女式毛衣	528	416	322
4	儿童毛衣	298	218	155
5				
6	品名	男式毛衣	女式毛衣	儿童毛衣
7				
8				
9				

图8-45

❷ 选中A7:A9单元格区域，在公式编辑栏中输入公式：=
TRANSPOSE(B1:D1)。

按"Ctrl+Shift+Enter"组合键，即可将原列标识项转置为行标识
项，如图8-46所示。

A7	▾	fx	{=TRANSPOSE(B1:D1)}	
	A	B	C	D
1	品名	含毛量90%	含毛量80%	含毛量70%
2	男式毛衣	539	432	358
3	女式毛衣	528	416	322
4	儿童毛衣	298	218	155
5				
6	品名	男式毛衣	女式毛衣	儿童毛衣
7	含毛量90%			
8	含毛量80%			
9	含毛量70%			

图8-46

❸ 选中B7:D9单元格区域，在公式编辑栏中输入公式：=
TRANSPOSE(B2:D4)。

按"Ctrl+Shift+Enter"组合键，即可将各表格中数据转置为如图
8-47所示的效果。

B7	▾	fx	{=TRANSPOSE(B2:D4)}	
	A	B	C	D
1	品名	含毛量90%	含毛量80%	含毛量70%
2	男式毛衣	539	432	358
3	女式毛衣	528	416	322
4	儿童毛衣	298	218	155
5				
6	品名	男式毛衣	女式毛衣	儿童毛衣
7	含毛量90%	539	528	298
8	含毛量80%	432	416	218
9	含毛量70%	358	322	155

图8-47

179

读书笔记

第 9 章 数据库函数实例应用技巧

例 204 使用DSUM函数统计特定产品的总销售数量

本例中统计了各个店面的销售情况（为方便显示，只列举部分记录），现在要统计某一特定产品的总销售数量，可以使用DSUM函数按如下方法设置公式。

❶ 首先设置条件，如本例在G4:G5单元格中设置条件，条件应该包含列标识，如图9-1所示。

❷ 选中H5单元格，在编辑栏中输入公式：=DSUM(A1:E11,4, G4:G5)。

按回车键，即可统计出品名为"男式毛衣"的总销售数量，如图9-1所示。

H5	▼	f_x	=DSUM(A1:E11,4,G4:G5)				
	A	B	C	D	E	F	G	H
1	日期	店面	品名	数量	金额			
2	09-6-1	一分店	男式毛衣	2	550			
3	09-6-3	总店	男式毛衣	2	456			
4	09-6-7	一分店	女式针织衫	3	325		品名	数量
5	09-6-8	总店	男式毛衣	3	680		男式毛衣	15
6	09-6-9	二分店	女式连衣裙	1	125			
7	09-6-13	总店	女式针织衫	10	1432			
8	09-6-14	二分店	女式针织衫	15	1482			
9	09-6-16	总店	女式针织衫	11	1500			
10	09-6-17	二分店	男式毛衣	8	1200			
11	09-6-24	总店	女式连衣裙	10	968			

图9-1

例 205 使用DSUM函数实现双条件计算

要使用DSUM函数实现双条件查询，关键在于条件的设置。例如在本例中要统计出店面为"总店"，品名为"男式毛衣"的总销售数量，其操作如下。

❶ 首先设置条件，本例在G4:H5单元格中设置条件，条件应该包

含列标识（双条件），如图9-2所示。

❷ 选中H7单元格，在编辑栏中输入公式：=DSUM(A1:E11,4,G4:H5)。

按回车键即可统计出店面为"总店"，品名为"男式毛衣"的总销售数量，如图9-2所示。

	A	B	C	D	E	F	G	H
1	日期	店面	品名	数量	金额			
2	09-6-1	一分店	男式毛衣	2	550			
3	09-6-3	总店	男式毛衣	2	456			
4	09-6-7	一分店	女式针织衫	3	325		店面	品名
5	09-6-8	总店	男式毛衣	3	680		总店	男式毛衣
6	09-6-9	二分店	女式连衣裙	1	125			
7	09-6-13	总店	女式针织衫	10	1432		数量	5
8	09-6-14	二分店	女式连衣裙	15	1482			
9	09-6-16	总店	女式针织衫	11	1500			
10	09-6-17	二分店	男式毛衣	8	1200			
11	09-6-24	总店	女式连衣裙	10	968			

H7 单元格 fx =DSUM(A1:E11,4,G4:H5)

图9-2

例 206 统计时去除指定条件的记录

要实现统计时去除指定条件的记录，关键在于条件的设置。例如本例中要将店面为"总店"或品名为"男式毛衣"的记录都去除，然后再统计总销售金额。其操作方法如下。

❶ 首先设置条件，本例在G4:H5单元格中设置条件分别为"<>总店"与"<>男式毛衣"，如图9-3所示。

❷ 选中H7单元格，在编辑栏中输入公式：=DSUM(A1:E11,5,G4:H5)。

按回车键，即可统计出除"总店"或"男式毛衣"之外的销售记录的总金额，如图9-3所示。

H7 ▾ (f_x =DSUM(A1:E11,5,G4:H5)

	A	B	C	D	E	F	G	H
1	日期	店面	品名	数量	金额			
2	09-6-1	一分店	男式毛衣	2	550			
3	09-6-3	总店	男式毛衣	2	456			
4	09-6-7	一分店	女式针织衫	3	325		店面	品名
5	09-6-8	总店	男式毛衣	3	680		<>总店	<>男式毛衣
6	09-6-9	二分店	女式连衣裙	1	125			
7	09-6-13	总店	女式针织衫	10	1432		金额	1932
8	09-6-14	二分店	女式连衣裙	15	1482			
9	09-6-16	总店	女式针织衫	11	1500			
10	09-6-17	二分店	男式毛衣	8	1200			
11	09-6-24	总店	女式连衣裙	10	968			

图9-3

例 207 在DSUM函数参数中使用通配符

在DSUM函数中可以使用通配符来设置参数。使用通配符来设置函数参数，关键在于条件的设置。

❶ 在A9:A10单元格区域中设置条件，使用通配符，即地区以"西部"结尾，如图9-4所示。

❷ 选中B10单元格，在编辑栏中输入公式：=DSUM(A1:B7,2,A9:A10)。

按回车键，即可统计出"西部"地区利润总和，如图9-4所示。

B10 ▾ (f_x =DSUM(A1:B7,2,A9:A10)

	A	B
1	地区	利润(万元)
2	东部(新售点)	150
3	南部	98.2
4	西部	112
5	北部	108
6	中西部	163.5
7	中南部(新售点)	77
8		
9	地区	利润(万元)
10	*西部	275.5

图9-4

❸ 在A12:A13单元格区域中设置条件，使用通配符，即地区不以"新售点"结尾，如图9-5所示。

❹ 选中B13单元格，在编辑栏中输入公式：=DSUM(A1:B7,2, A12:A13)。

按回车键，即可统计除新售点外，其他地区利润总和，如图9-5所示。

	A	B
1	地区	利润(万元)
2	东部(新售点)	150
3	南部	98.2
4	西部	112
5	北部	108
6	中西部	163.5
7	中南部(新售点)	77
8		
9	地区	利润(万元)
10	*西部	275.5
11		
12	地区	利润(万元)
13	<>*(新售点)	481.7

B13 ▼ fx =DSUM(A1:B7,2,A12:A13)

图9-5

例 208 避免DSUM函数的模糊匹配

DSUM函数的模糊匹配（默认情况）是指在判断条件并进行计算时，查找区域中以条件单元格中的字符开头的，都将被列入计算范围。如图9-6所示，设置条件为"品名→男式毛衣"，那么统计总金额时，C列中所有以"男式毛衣"开头的都被作为计算对象。如果我们只想统计出"男式毛衣"这一品名的总销售金额，需要按如下方法来设置公式。

❶ 选中G5单元格，在编辑栏中输入公式：="=男式毛衣"，如图9-7所示。

H5	▼	f_x	=DSUM(A1:E11,5,G4:G5)					
	A	B	C	D	E	F	G	H
1	日期	店面	品名	数量	金额			
2	09-6-1	一分店	男式毛衣	5	550			
3	09-6-3	总店	男式毛衣	5	456			
4	09-6-7	一分店	女式针织衫	3	325		品名	金额
5	09-6-8	总店	男式毛衣(含毛量80%)	2	680		男式毛衣	4336
6	09-6-9	二分店	女式连衣裙	1	125			
7	09-6-13	总店	女式针织衫	10	1432			
8	09-6-14	二分店	男式毛衣(含毛量70%)	15	1482			
9	09-6-16	总店	女式针织衫	11	1500			
10	09-6-17	二分店	男式毛衣	2	200			
11	09-6-24	总店	男式毛衣(含毛量80%)	3	968			

图9-6

G5	▼	f_x	="男式毛衣"					
	A	B	C	D	E	F	G	H
1	日期	店面	品名	数量	金额			
2	09-6-1	一分店	男式毛衣	5	550			
3	09-6-3	总店	男式毛衣	5	456			
4	09-6-7	一分店	女式针织衫	3	325		品名	金额
5	09-6-8	总店	男式毛衣(含毛量80%)	2	680		=男式毛衣	
6	09-6-9	二分店	女式连衣裙	1	125			
7	09-6-13	总店	女式针织衫	10	1432			
8	09-6-14	二分店	男式毛衣(含毛量70%)	15	1482			
9	09-6-16	总店	女式针织衫	11	1500			
10	09-6-17	二分店	男式毛衣	2	200			
11	09-6-24	总店	男式毛衣(含毛量80%)	3	968			

图9-7

❷ 选中H5单元格，输入公式：=DSUM(A1:E11,5,G4:G5)。

按回车键，得到正确的计算结果，如图9-8所示。

H5	▼	f_x	=DSUM(A1:E11,5,G4:G5)					
	A	B	C	D	E	F	G	H
1	日期	店面	品名	数量	金额			
2	09-6-1	一分店	男式毛衣	5	550			
3	09-6-3	总店	男式毛衣	5	456			
4	09-6-7	一分店	女式针织衫	3	325		品名	金额
5	09-6-8	总店	男式毛衣(含毛量80%)	2	680		=男式毛衣	1206
6	09-6-9	二分店	女式连衣裙	1	125			
7	09-6-13	总店	女式针织衫	10	1432			
8	09-6-14	二分店	男式毛衣(含毛量70%)	15	1482			
9	09-6-16	总店	女式针织衫	11	1500			
10	09-6-17	二分店	男式毛衣	2	200			
11	09-6-24	总店	男式毛衣(含毛量80%)	3	968			

图9-8

例 209 DSUM与SUMIF函数的区别

DSUM函数是一个数据库函数，其数据必须满足"数据库"特征，比如需要包含"字段名"。该函数可以用于单个字段或多个字段的多条件求和。

SUMIF函数用于按给定条件对指定单元格求和，它不需要一定有字段名。但如果不借助辅助列，只能对单个字段求和。

例 210 使用DAVERAGE函数统计特定班级平均分

本例中统计了各班学生各科目考试成绩（为方便显示，只列举部分记录），现在要统计某一特定班级指定科目的平均分，可以使用DAVERAGE函数按如下方法设置公式。

❶ 首先设置条件，本例在A10:A11单元格中设置，条件应该包含列标识，如图9-9所示。

❷ 选中B11单元格，在编辑栏中输入公式：=DAVERAGE(A1:E8,3,A10:A11)。

按回车键，即可统计出班级为"1"的语文平均分，如图9-9所示。

B11		fx =DAVERAGE(A1:E8,3,A10:A11)		
	A	B	C	D	E
1	班级	姓名	语文	数学	英语
2	1	宋燕玲	615	585	615
3	2	郑芸	494	629	574
4	1	黄嘉利	536	607	602
5	2	区菲娅	564	607	594
6	1	江小丽	509	611	606
7	1	麦子聪	550	594	627
8	2	叶雯静	523	573	554
9					
10	班级	平均分(语文)			
11	1	552.5			

图9-9

例 211 在DAVERAGE函数参数中使用通配符

在DAVERAGE函数中可以使用通配符来设置函数参数。例如本例中想统计出所有新售点的平均利润，其操作如下。

❶ 在A9:A10单元格区域中设置条件，使用通配符，即地区以"新售点"结尾，如图9-10所示。

❷ 选中B10单元格，在编辑栏中输入公式：=DAVERAGE(A1:B7,2,A9:A10)。

按回车键，即可统计出"新售点"的平均利润，如图9-10所示。

B10 ▼	f_x =DAVERAGE(A1:B7,2,A9:A10)	
	A	B	C
1	地区	利润(万元)	
2	东部(新售点)	150	
3	南部	98.2	
4	西部	112	
5	北部	108	
6	中西部	163.5	
7	中南部(新售点)	77	
8			
9	地区	利润(万元)	
10	*(新售点)	113.5	

图9-10

例 212 使用DAVERAGE函数实现计算后查询

本例中统计了各班学生各科目考试成绩（为方便显示，只列举部分记录），现在要统计某一特定班级各个科目的平均分，其公式的设置如下。

❶ 首先设置条件，本例在A10:A11单元格中设置条件并建立求解标识，如图9-11所示。

❷ 选中B11单元格，在编辑栏中输入公式：=DAVERAGE($A$1

:$F$8,COLUMN(C1),$A$10:$A$11)。

按回车键，即可统计出班级为"1"的语文科目平均分。

❸ 选中B11单元格，向右复制公式，可以得到班级为"1"的各个科目的平均分，如图9-11所示。

B11 ▾		fx	=DAVERAGE($A$1:$F$8,COLUMN(C1),$A$10:$A$11)		
	A	B	C	D	E	F
1	班级	姓名	语文	数学	英语	总分
2	1	宋燕玲	615	585	615	1815
3	2	郑芸	494	629	574	1697
4	1	黄嘉俐	536	607	602	1745
5	2	区菲娅	564	607	594	1765
6	1	江小丽	509	611	606	1726
7	1	麦子聪	550	594	627	1771
8	2	叶雯静	523	573	554	1650
9						
10	班级	平均分(语文)	平均分(数学)	平均分(英语)	平均分(总分)	
11	1	552.5	599.25	612.5	1764.25	
12						

图9-11

❹ 要想查询其他班级各科目平均分，可以直接在A11单元格中更改查询条件即可，如图9-12所示。

	A	B	C	D	E	F
1	班级	姓名	语文	数学	英语	总分
2	1	宋燕玲	615	585	615	1815
3	2	郑芸	494	629	574	1697
4	1	黄嘉俐	536	607	602	1745
5	2	区菲娅	564	607	594	1765
6	1	江小丽	509	611	606	1726
7	1	麦子聪	550	594	627	1771
8	2	叶雯静	523	573	554	1650
9						
10	班级	平均分(语文)	平均分(数学)	平均分(英语)	平均分(总分)	
11	2	527	603	574	1704	
12						

图9-12

公式解析

要想返回某一班级各个科目的平均分，其查询条件不改变，需要改变的只是field参数，即指定对哪一列求平均值。本例中为了方便对公式的复制，所以使用COLUMN(C1)公式来返回这一列数。

例 213 使用DCOUNT函数统计满足条件的记录条数

本例中统计了各班学生各科目考试成绩（为方便显示，只列举部分记录），现在要统计某一班级人数，可以使用DCOUNT函数来统计。

❶ 首先设置条件，本例在A10:A11单元格中设置，条件应该包含列标识，如图9-13所示。

❷ 选中B12单元格，在编辑栏中输入公式：=DCOUNT(A1:E9,3,A11:A12)。

按回车键，即可统计出班级为"1"的人数，如图9-13所示。

B12			=DCOUNT(A1:E9,3,A11:A12)	
	A	B	C	D	E
1	班级	姓名	语文	数学	英语
2	1	宋燕玲	615	585	615
3	2	郑芸	494	629	574
4	1	黄嘉俐	536	607	602
5	2	区菲娅	564	607	594
6	1	江小丽	509	611	606
7	1	麦子聪	550	594	627
8	2	叶雯静	523	573	554
9	1	李强	564	607	594
10					
11	班级	人数			
12	1	5			

图9-13

例 214 使用DCOUNT函数实现双条件统计

要使用DCOUNT函数实现双条件查询，关键在于条件的设置。在本例中要统计出指定销售员且销售数量大于特定值的记录条数，其操作如下。

❶ 首先设置条件，本例在B14:C15单元格中设置，条件应该包含列标识（双条件），如图9-14所示。

❷ 选中D15单元格，在编辑栏中输入公式：=DCOUNT(A1:E12,3,B14:C15)。

按回车键，即可统计出销售数量"＞=5"的销售员中，郑芸的销售记录条数，如图9-14所示。

	A	B	C	D	E
1	销售日期	产品名称	销售数量	销售金额	销售员
2	09-6-1	男式毛衣	5	550	宋燕玲
3	09-6-3	男式毛衣	5	456	郑芸
4	09-6-7	女式针织衫	3	325	黄嘉州
5	09-6-8	男式毛衣	2	680	郑芸
6	09-6-9	女式连衣裙	1	125	区菲娅
7	09-6-13	女式针织衫	10	1432	江小丽
8	09-6-14	女式连衣裙	15	1482	宋燕玲
9	09-6-16	女式针织衫	11	1500	郑芸
10	09-6-17	男式毛衣	2	1200	区菲娅
11	09-6-24	女式连衣裙	3	968	郑芸
12	09-6-25	女式针织衫	5	425	郑芸
13					
14			销售数量	销售员	记录条数
15			＞=5	郑芸	3

D15 ▼ | fx =DCOUNT(A1:E12, 3, B14:C15)

图9-14

例 215 从成绩表中统计出某一分数区间的人数

要实现从成绩表中统计出某一分数区间的人数，可以将该分数区间设置为条件，然后使用DCOUNT函数求取。

❶ 首先设置条件，本例在D5:E6单元格区域中设置条件，包含列标识"成绩"，区间为"<60"、"<>0"，如图9-15所示。

❷ 选中D9单元格，在编辑栏中输入公式：=DCOUNT(A1:B12,2,D5:E6)。

按回车键，即可从成绩表中统计出小于60分且不等于0分的学生人数，如图9-15所示。

	A	B	C	D	E
	D9 ▼	fx	=DCOUNT(A1:B12,2,D5:E6)		
1	姓名	成绩			
2	宋燕玲	85			
3	郑芸	69			
4	黄嘉俐	51			
5	区菲娅	67		成绩	成绩
6	江小丽	81		<60	<>0
7	麦子聪	94			
8	叶雯静	55		人数	
9	李强	67		2	
10	陈少君	0			
11	陆穗平	94			
12	李晓珊	0			

图9-15

例 216 忽略0值统计记录条数

要实现忽略0值统计记录条数，关键仍在于条件的设置。本例中想忽略0值统计出成绩小于60分的人数，其操作方法如下。

❶ 首先设置条件，本例在D5:E6单元格区域中设置，条件包含列标识"成绩"，区间为"<60"、"<>0"，如图9-16所示。

	A	B	C	D	E
	D9 ▼	fx	=DCOUNT(A1:B12,2,D5:E6)		
1	姓名	成绩			
2	宋燕玲	85			
3	郑芸	69			
4	黄嘉俐	51			
5	区菲娅	67		成绩	成绩
6	江小丽	81		<60	<>0
7	麦子聪	94			
8	叶雯静	55		人数	
9	李强	67		2	
10	陈少君	0			
11	陆穗平	94			
12	李晓珊	0			

图9-16

❷ 选中D9单元格，在编辑栏中输入公式：=DCOUNT(A1: B12,2,D5:E6)。

按回车键，即可从成绩表中统计出成绩小于60且不为0值的人数，如图9-16所示。

例 **217** 统计满足指定条件且为"文本"类型的记录条数

当需要统计的单元格区域中不为数字时，使用DCOUNT函数会出错，此时需要使用DCOUNTA函数来统计。本例中要从影片放映计划表中统计出某一类型影片的放映部数，需要使用DCOUNTA函数来设置公式。

❶ 首先设置条件，本例在D5:E6单元格区域中设置，如图9-17所示。

❷ 选中F6单元格，在编辑栏中输入公式：=DCOUNTA(A1:C12,2, E5:E6)。

按回车键，即可从影片放映计划表中统计出"喜剧片"的放映部数，如图9-17所示。

	A	B	C	D	E	F
					f_x =DCOUNTA(A1:C12,2,E5:E6)	
1	放映时间	影片类型	影院名称			
2	2009-10-01 12:00	爱情片	雄风			
3	2009-10-01 14:30	喜剧片	雄风			
4	2009-10-01 17:30	动作片	雄风			
5	2009-10-01 19:40	喜剧片	雄风		影片类型	放映部数
6	2009-10-01 21:10	爱情片	雄风		喜剧片	4
7	2009-10-01 21:30	生活片	雄风			
8	2009-10-01 22:10	生活片	明光			
9	2009-10-01 09:50	喜剧片	明光			
10	2009-10-02 10:10	动作片	明光			
11	2009-10-02 10:10	生活片	明光			
12	2009-10-02 13:00	喜剧片	明光			

图9-17

公式解析

如果指定列表或数据库的单元格区域中都为数字,在设定条件相同时,利用DCOUNTA函数与利用DCOUNT函数的返回结果相同。但如果指定单元格区域中为文本,则利用DCOUNT函数无法正确的结果。

例 218 使用DCOUNTA函数实现双条件统计

使用DCOUNTA函数实现双条件统计,关键在于条件设置。比如本例中统计2008-10-2之前放映的喜剧片的部数,需要按如下方法来设置。

❶ 首先设置条件,本例在E5:F6单元格区域中设置条件,如图9-18所示。

❷ 选中E9单元格,在编辑栏中输入公式:=DCOUNTA(A1:C12,2,E5:F6)。

按回车键,即可统计2008-10-2之前放映的喜剧片的部数,如图9-18所示。

	A	B	C	D	E	F
1	放映时间	影片类型	影院名称			
2	2009-10-01 12:00	爱情片	雄风			
3	2009-10-01 14:30	喜剧片	雄风			
4	2009-10-01 17:30	动作片	雄风			
5	2009-10-01 19:40	喜剧片	雄风		放映时间	影片类型
6	2009-10-01 21:10	爱情片	雄风		<2008-10-2	喜剧片
7	2009-10-01 21:30	生活片	雄风			
8	2009-10-01 22:10	生活片	明光		放映部数	
9	2009-10-01 09:50	喜剧片	明光		3	
10	2009-10-02 10:10	动作片	明光			
11	2009-10-02 10:10	生活片	明光			
12	2009-10-02 13:00	喜剧片	明光			

图9-18

例 219 统计各班成绩最高分

在成绩统计数据库中,若要统计各班成绩最高分,可以使用DMAX函数来实现。

❶ 首先设置条件，如本例在A10:A11单元格中设置条件并建立求解标识，如图9-19所示。

❷ 选中B11单元格，在编辑栏中输入公式：=DMAX($A$1:$F$8,COLUMN(C1),$A$10:$A$11)。

按回车键，即可统计出班级为"1"的语文最高分，向右复制B11单元格的公式，可得到班级为"1"的各个科目的最高分，如图9-19所示。

	A	B	C	D	E	F
	B11		=DMAX($A$1:$F$8,COLUMN(C1),$A$10:$A$11)			
1	班级	姓名	语文	数学	英语	总分
2	1	宋燕玲	615	585	615	1815
3	2	郑芸	494	629	574	1697
4	1	黄嘉俐	536	607	602	1745
5	2	区菲娅	564	607	594	1765
6	1	江小丽	509	611	606	1726
7	1	麦子聪	550	594	627	1771
8	2	叶雯静	523	573	554	1650
9						
10	班级	最高分(语文)	最高分(数学)	最高分(英语)	最高分(总分)	
11	1	615	611	627	1815	

图9-19

❸ 要查询其他班级各科目最高分，可以直接在A11单元格中更改查询条件即可，如图9-20所示。

	A	B	C	D	E	F
1	班级	姓名	语文	数学	英语	总分
2	1	宋燕玲	615	585	615	1815
3	2	郑芸	494	629	574	1697
4	1	黄嘉俐	536	607	602	1745
5	2	区菲娅	564	607	594	1765
6	1	江小丽	509	611	606	1726
7	1	麦子聪	550	594	627	1771
8	2	叶雯静	523	573	554	1650
9						
10	班级	最高分(语文)	最高分(数学)	最高分(英语)	最高分(总分)	
11	2	564	629	594	1765	

图9-20

例 220 统计各班成绩最低分

在成绩统计数据表中，若要统计各班成绩最低分，可以使用DMIN函数来实现。

❶ 首先设置条件，本例在A10:A11单元格中设置条件并建立求解标识，如图9-21所示。

B11	▼	*fx*	=DMIN($A$1:$F$8,COLUMN(C1),$A$10:$A$11)		
	A	B	C	D	E	F
1	班级	姓名	语文	数学	英语	总分
2	1	宋燕玲	615	585	615	1815
3	2	郑莹	494	629	574	1697
4	1	黄嘉俐	536	607	602	1745
5	2	区菲娅	564	607	594	1765
6	1	江小丽	509	611	606	1726
7	1	麦子聪	550	594	627	1771
8	2	叶雯静	523	573	554	1650
9						
10	班级	最低分(语文)	最低分(数学)	最低分(英语)	最低分(总分)	
11	1	509	585	602	1726	

图9-21

❷ 选中B11单元格，在编辑栏中输入公式：=DMIN($A$1:$F$8, COLUMN(C1),$A$10:$A$11)。

按回车键，即可统计出班级为"1"的语文科目最低分，向右复制B11单元格的公式，可以得到班级为"1"的各个科目的最低分，如图9-21所示。

❸ 要查询其他班级各科目最低分，可以直接在A11单元格中更改查询条件即可，如图9-22所示。

例 221 从列表或数据库的列中提取符合指定条件的单个值

DGET函数用于从列表或数据库的列中提取符合指定条件的单个值。例如在学生成绩统计报表中，获取指定条件所对应的成绩信息。

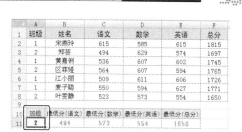

图9-22

❶ 首先设置条件，如本例在A10:B11单元格中设置条件并建立求解标识，如图9-23所示。

❷ 选中C11单元格，在编辑栏中输入公式：=DGET(A1:F8,4,A10:B11)。

按回车键，即可返回班级为"1"且姓名为"黄嘉俐"的数学成绩，如图9-23所示。

C11	▼	fx	=DGET(A1:F8,4,A10:B11)		
	A	B	C	D	E	F
1	班级	姓名	语文	数学	英语	总分
2	1	宋燕玲	615	585	615	1815
3	2	郑芸	494	629	574	1697
4	1	黄嘉俐	536	607	602	1745
5	2	区菲娅	564	607	594	1765
6	1	江小丽	509	611	606	1726
7	1	麦子聪	550	594	627	1771
8	2	叶雯静	523	573	554	1650
9						
10	班级	姓名	数学			
11	1	黄嘉俐	607			

图9-23

读书笔记

第 10 章 | 函数返回错误值的解决办法

例 222 "#####" 错误值

【错误原因1】单元格内输入的数字、日期或时间比单元格宽，输入的内容不能完全显示就会返回"#####"错误值，如图10-1所示。

	A	B	C	D	E
	B2 ▾	f_x 1960-1-19			
1	员工姓名	出生日期	性别	学历	年龄
2	李丽	########	男	本科	49
3	周军洋	########	男	本科	41
4	苏田	########	女	本科	38
5	刘飞虎	########	男	本科	30
6	张芳	########	女	本科	31
7	张贤雅	########	女	本科	27

图10-1

【解决方法】可以通过拖动列表之间的边框来修改列宽。

【错误原因2】输入的日期和时间为负数或者单元格的日期时间公式产生了一个负值，也会出现"#####"错误值，如图10-2所示。

	A	B
	B2	f_x =-DATE(2009,1,A2)
1	2009年的第N天	对应日期
2	10	##############
3	100	2009-4-10
4	200	2009-7-19
5	300	2009-10-27

图10-2

【解决方法】将输入的日期和时间前的负号（–）取消或重新检查计算公式，将公式更改正确。

例 223 "#DIV/0!" 错误值

【错误原因】公式中除数所在单元格为"0"值或为空，如图10-3

所示。

图10-3

【解决方法】使用 IF 和 ISERROR 函数来解决。

❶ 选中 C2 单元格，在编辑栏中输入公式：=IF(ISERROR(A2/B2),"",A2/B2)。

按回车键，即可解决C2单元格返回结果为"#DIV/0!"错误值的问题。

❷ 将光标移到 C2 单元格的右下角，向下复制公式，即可解决所有公式返回结果为"#DIV/0!"错误值的问题，如图 10-4 所示。

图10-4

例 224 "#N/A" 错误值

【错误原因1】公式中引用的数据源不正确，或者不能使用。

例如在使用VLOOKUP函数或其他查找函数查寻数据时，找不到匹配的值就会返回"#N/A"错误值。如图10-5所示，在公式中引用了B10单元格的值作为查找源，而A2:A7单元格区域中找不到B10单元格中指定的值，所以返回了错误值。

C10	▼	f_x	=VLOOKUP(B10,A2:E7,5,FALSE)		
	A	B	C	D	E
1	员工姓名	出生日期	性别	学历	年龄
2	张芳	1960-1-19	男	本科	49
3	周军洋	1968-7-26	男	本科	41
4	苏田	1971-8-22	女	本科	38
5	刘飞虎	1979-4-19	男	本科	30
6	李丽丽	1978-10-8	女	本科	31
7	张贤雅	1982-7-12	女	本科	27
8					
9		员工姓名	年龄		
10		李丽	#N/A		

图10-5

【解决方法】引用正确的数据源。

选中B10单元格，将错误的员工姓名更改为正确的"李丽丽"，即可解决公式返回结果为"#N/A"错误值的问题，如图10-6所示。

B10	▼	f_x	李丽丽		
	A	B	C	D	E
1	员工姓名	出生日期	性别	学历	年龄
2	张芳	1960-1-19	男	本科	49
3	周军洋	1968-7-26	男	本科	41
4	苏田	1971-8-22	女	本科	38
5	刘飞虎	1979-4-19	男	本科	30
6	李丽丽	1978-10-8	女	本科	31
7	张贤雅	1982-7-12	女	本科	27
8					
9		员工姓名	年龄		
10		李丽丽	31		

图10-6

【错误原因2】数组公式中使用的参数的行数或列数与包含数组公式的区域的行数或列数不一致。

例如在进行矩阵逆转换时，选取的目标区域的行数和列数与原矩阵区域的行数和列数不一致，导致输入公式：=MINVERSE(A2:C4)，按"Ctrl + Shift + Enter"组合键后会返回"#N/A"错误值，如图10-7所示。

图10-7

【解决方法】选取相同的行数和列数。

正确选取 E2:G4 单元格区域后，输入公式：=MINVERSE(A2:C4)，按"Ctrl + Shift + Enter"组合键，返回 3×3 行列式的逆矩阵，如图 10-8 所示。

图10-8

例 225 "#NAME?"错误值

【错误原因1】输入的函数名称拼写错误。

例如在计算学生的平均成绩时，在公式中将“AVERAGE”函数错误地输入为“AVEAGE”，会返回“#NAME?”错误值，如图10-9所示。

E2 =AVEAGE(B2:D2)

	A	B	C	D	E
1	学生姓名	语文成绩	数学成绩	英语成绩	平均成绩
2	李丽	78	89	56	#NAME?
3	周军洋	58	55	50	#NAME?
4	苏田	76	71	80	#NAME?
5	刘飞虎	68	56	45	#NAME?

图10-9

【解决方法】正确输入函数名称。

【错误原因 2】在公式中引用文本时没有加双引号。

例如在对总成绩进行考评时，在公式中没有对“优”、“良”和“差”这样的文本常量加上双引号（半角状态下的），导致返回结果为“#NAME?”错误值，如图 10-10 所示。

F2 =IF(E2>=240,优,IF(E2>=210,良,差))

	A	B	C	D	E	F
1	学生姓名	语文	数学	英语	总成绩	成绩考评
2	李丽	78	89	82	**249**	#NAME?
3	周军洋	58	55	50	**163**	#NAME?
4	苏田	76	71	80	**227**	#NAME?
5	刘飞虎	78	92	85	**255**	#NAME?

图10-10

【解决方法】正确地为引用文本添加双引号。

选中 F2 单元格，将公式重新输入为：=IF(E2>=240," 优 ",IF(E2>=210," 良 "," 差 "))，按回车键，即可返回正确的成绩考评结果，如图 10-11 所示。

图10-11

【错误原因3】在公式中引用了没有定义的名称。

例如，在如图10-12所示的表格中，使用公式"=SUM(第一季度)+SUM(第二季度)"来计算上半年的销售量，而"第一季度"或"第二季度"并未定义为名称，所以会返回"#NAME?"错误值，如图10-12所示。

图10-12

【解决方法】只需分别将"第一季度"和"第二季度"以及其下面的数值区域选中，单击"插入"→"名称"→"定义"，进行名称定义即可。

【错误原因4】公式中引用单元格区域时漏掉了冒号（:）。

例如，在进行求和时，将公式"=SUM(B2:E5)"输入成"=SUM(B2E5)"，缺少冒号，按回车键将返回"#NAME?"错误值，如图10-13所示。

C7	▼	*fx*	=SUM(B2E5)		
	A	B	C	D	E
1	员工姓名	第一季度	第二季度	第三季度	第四季度
2	李丽	130	142	137	144
3	周军洋	133	138	134	141
4	苏田	128	143	140	147
5	刘飞虎	126	137	136	143
6					
7	统计上半年销售量	#NAME?			

图10-13

【解决方法】在公式中引用单元格区域时，一定要保留冒号。

例 226 "#NUM!"错误值

【错误原因】公式中使用的函数引用了一个无效的参数。

例如，求某数值的算术平均值，SQRT函数中引用的A3单元格，数值为负数，所以会返回"#NUM！"错误值，如图10-14所示。

B3	▼	*fx*	=SQRT(A3)
	A	B	
1	数值	算术平均值	
2	16	4	
3	-16	#NUM!	

图10-14

【解决方法】正确引用函数的参数。

例 227 "#VALUE!"错误值

【错误原因1】在公式中用文本类型的数据参与了数值运算。

例如，在计算销售员的销售金额时，参与计算的数值带上产品单位或单价单位（为文本数据），导致返回的结果出现"#VALUE!"错误值，如图10-15所示。

【解决方法】正确设置参与运算的数值。

在B3和C2单元格中，分别将"套"和"元"文本消除，即可返回正确的计算结果，如图10-16所示。

| 图10-15 | 图10-16 |

【错误原因2】在公式中函数使用的参数与语法不一致。

例如，在计算上半年产品销售量时，在C7单元格中输入的公式为：=SUM(B2:B5+C2:C5)，按回车键返回"#VALUE!"错误值，如图10-17所示。

【解决方法】正确设置函数的参数。

选中C7单元格，在编辑栏中重新更改公式为：=SUM(B2:B5:C2:C5)，按回车键即可返回正确的计算结果，如图10-18所示。

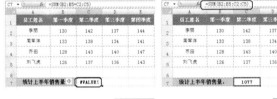

| 图10-17 | 图10-18 |

【错误原因3】进行数组运算时，没有按"Ctrl + Shift + Enter"组合键而直接按回车键。

例如，在C7单元格中输入了数组公式：=SUM(B2:B5*C2:C5)，直接按回车键会返回"#VALUE!"错误值，如图10-19所示。

【解决方法】数组公式输入完毕后，按"Ctrl + Shift + Enter"组合键结束。

C7 =SUM(B2:B5*C2:C5)

	A	B	C	D
1	销售员	销售数量	销售单价	
2	彭国华	78	88	
3	赵青军	58	90	
4	孙丽萍	76	88	
5	王保国	82	90	
6				
7	总销售金额：		#VALUE!	

图10-19

例228 “#REF!”错误值

【错误原因】在公式中引用了无效的单元格。

例1：如图10-20所示，在C列中建立的公式使用了B列的数据，当将B列删除时，公式找不到可以用于计算的数据，出现错误值“#REF！”，如图10-21所示。

C2 =B2/SUM($B$3:$B$8)

	A	B	C
1	姓名	总销售额	占总销售额比例
2	张芬	687.4	31.03%
3	何利洋	410	18.51%
4	李舒	209	9.43%
5	苏田	501	22.62%
6	崔娜娜	404.3	18.25%
7	何丽	565.4	25.52%
8	孙翔	125.5	5.67%

图10-20

B2 =#REF!/SUM(#REF!)

	A	B	C
1	姓名	占总销售额比例	
2	张芬	#REF!	
3	何利洋	#REF!	
4	李舒	#REF!	
5	苏田	#REF!	
6	崔娜娜	#REF!	
7	何丽	#REF!	
8	孙翔	#REF!	

图10-21

例2：在A工作簿中引用了B工作簿中Sheet1工作表B5单元格的数据进行了运算，如果删除了B工作簿中的Sheet1工作表，A工作簿会出现错误值“#REF！”；如果删除了B工作簿中的Sheet1工作表的B列也会出现同样的错误。

【解决方法】保留引用的数据，若不需要显示，将其隐藏即可。